全国服装工程专业（技术类）精品图书

纺织服装高等教育"十二五"部委级规划教材

常用服装辅料

CHANGYONG FUZHUANG FULIAO

主编/刘淑强　　副主编/吴改红

U0377624

东华大学出版社·上海

内 容 提 要

本书系统地介绍了常用服装辅料的基本概念、主要内容、主要类别，以及服装辅料的种类、性能、质量标准、规格、特点等，尤其注重辅料在服装中的应用。同时结合科技的发展，总结了当代新出现的辅料类型。

本书将常用服装辅料共分为八大类：服装衬料、服装垫料、服装里料、服装絮料、服装线料、紧扣材料、商标和标识以及装饰性辅料。在介绍代表性的辅料种类的同时，配以图示和表格，使读者更清晰地认识各种辅料。该书既适用于纺织、服装服饰行业从业人员查阅，也可供高等院校服装专业师生阅读参考。

图书在版编目（ＣＩＰ）数据

常用服装辅料/刘淑强主编 . —上海：东华大学出版社，2015.4

ISBN 978-7-5669-0748-6

Ⅰ.①常…　Ⅱ.①刘…　Ⅲ.①服装 辅料　Ⅳ.①TS941.4

中国版本图书馆CIP数据核字（2015）第059257号

责任编辑：马文娟　李伟伟
封面设计：潘志远

常用服装辅料

主　　　编：刘淑强
副 主 编：吴改红
出　　　版：东华大学出版社（上海市延安西路1882号）
本 社 网 址：http://www.dhupress.net
天猫旗舰店：http://dhdx.tmall.com
营 销 中 心：021-62193056　62373056　62379558
发　　　行：新华书店上海发行所发行
印　　　刷：南通印刷总厂有限公司
开　　　本：787mm×1092mm　1/16　印张：10.25
字　　　数：328千字
版　　　次：2015年4月第1版
印　　　次：2015年4月第1次印刷
书　　　号：ISBN 978-7-5669-0748-6 / TS·599
定　　　价：32.00元

全国服装工程专业（技术类）精品图书编委会

郑小飞　杭州职业技术学院达利女装学院
侯东昱　河北科技大学纺织服装学院
高亦文　河南工程学院服装学院
吴　俊　华南农业大学艺术学院
闵　悦　江西服装学院服装设计分院
陈东升　闽江学院服装与艺术工程学院
杨佑国　南通大学纺织服装学院
史　慧　内蒙古工业大学轻工与纺织学院
孙　奕　山东工艺美术学院服装学院
王　婧　山东理工大学鲁泰纺织服装学院
朱琴娟　绍兴文理学院纺织服装学院
康　强　陕西工业职业技术学院服装艺术学院
苗　育　沈阳航空航天大学设计艺术学院
李晓蓉　四川大学轻纺与食品学院
傅菊芬　苏州大学应用技术学院
周　琴　苏州工艺美术职业技术学院服装工程系
王海燕　苏州经贸职业技术学院艺术系
王　允　泰山学院服装系
吴改红　太原理工大学轻纺工程与美术学院
陈明艳　温州大学美术与设计学院
吴国智　温州职业技术学院轻工系
吴秋英　五邑大学纺织服装学院
穆　红　无锡工艺职业技术学院服装工程系
肖爱民　新疆大学艺术设计学院
蒋红英　厦门理工学院设计艺术系
张福良　浙江纺织服装职业技术学院服装学院
鲍卫君　浙江理工大学服装学院
金蔚苙　浙江科技学院艺术分院
黄玉冰　浙江农林大学艺术设计学院
陈　洁　中国美术学院上海设计学院
刘冠斌　湖南工程学院纺织服装学院
李月丽　盐城工业职业技术学院艺术设计系
徐　仂　江西师范大学科技学院
金　丽　中国服装设计师协会技术委员会

服装辅料是装饰服装和扩展服装功能必不可少的部分。现代服装特别注重辅料的作用及其与面料的协调搭配。辅料对现代服装的影响也越来越大，成为服装材料不容低估和忽视的重要组成部分。

随着人们生活水平的提高以及生活方式的改变，人们对服装产品有了更深层次的要求，对服装的时尚性、舒适性、健康环保以及功能性的要求更加突出。同时，随着科技的发展，大量的新技术、新工艺、新设备也推动着服装辅料的发展。经过改革开放以来多年的发展，我国服装辅料行业已经具有相当规模，专业化水平越来越高，产品种类也越来越多。随着消费者需求的改变，服装辅料正从"实用功能"转向"时尚装饰功能"，辅料的设计也开始融入服装整体设计之中，成为时尚、流行的关键元素。

本书从服装辅料的种类入手，将辅料分成八类：服装衬料、服装垫料、服装里料、服装絮料、服装线料、紧扣材料、商标和标识，以及装饰性辅料。针对每一类别，详细介绍其种类、规格、特点等，尤其注重其在服装中的应用，并结合新工艺、新技术，对新增服装辅料做介绍，力求做到全面、详尽。同时本书采用图文并茂的形式，论述各类服装辅料的具体特征，使读者能够一目了然。

本教材由太原理工大学刘淑强任主编，吴改红任副主编。第一章、第三章由刘淑强编写；第二章、第五章由太原理工大学闫承花编写；第六章由太原理工大学吴改红编写；第四章由武汉职业技术学院全建业编写；第八章由太原理工大学张永芳编写；第七章、第九章由太原理工大学郭红霞编写。本书可作为纺织服装院校专业教材，也可以作为纺织服装从业人员的工具类书籍。

由于编者水平有限，时间紧张，书中难免有疏漏和不妥之处，敬请批评指正。

编者

目　录

第一章
服装辅料概况

　　服装是一个复杂的工程,包括服装设计、服装结构和服装制作,其中制作过程又分为不同的环节,设计与制作的前提就是材料的选定。服装材料分为服装面料和服装辅料。面料是服装的主体部分。除面料外,服装中所用到的其他材料,统称为服装辅料,它是装饰服装和扩展服装功能必不可少的部分。

　　现代服装特别注重辅料的作用及其与面料的协调搭配,辅料对现代服装的影响也越来越大,成为服装材料不容低估和忽视的重要组成部分。服装的辅料无论对产品内在质量,还是外在质量,都有着非常重要的影响。辅料虽然属于服装产品的细节,但细节往往就能决定一件服装产品的命运。对于一件服装产品品质的好与坏,辅料往往会起到很大的作用,其作用有时候甚至超过面料本身。可以说辅料虽小,一旦其质量不合格,受影响的是整件服装产品,乃至整个服装品牌。

第一节　服装辅料内容及分类

在服装中，辅料与面料一起构成服装，并共同实现服装的功能。根据服装材料的基本功能及其在服装中的使用部位，服装辅料主要划分为八大类：服装衬料、服装垫料、服装里料、服装絮料、服装线料、服装紧扣材料、商标和标识，以及服装装饰性辅料。

一、服装衬料

服装衬料是指用于服装某些部位，衬托、完善服装塑型或辅助服装加工的材料，如领衬、胸衬、腰头衬等。服装衬料的种类繁多，按使用的部位、衬布用料、衬的底布类型、衬料与面料的结合方式，又可以分为若干类，主要品种有棉衬、麻衬、马尾衬、树脂衬、黏合衬等。

二、服装垫料

服装垫料主要包括肩垫、胸垫、袖山垫和领垫等。垫料主要用于修正人体体型缺陷及塑造服装造型。

三、服装里料

服装里料是服装最里层的材料，通常称为里子、里布或夹里，是用来部分或全部覆盖服装面料或衬料的材料。里料的主要品种有棉织物里料、丝织物里料、黏胶纤维织物里料、醋酯长丝织物里料、合成纤维长丝织物里料等。

四、服装絮料

服装絮料又称为填料，是指面料、里料之间的填充材料。絮料主要赋予服装保暖、保形及其他特殊功能。服装絮料的种类繁多，可按原材料、形态、加工工艺等进行分类。

五、服装线料

服装线料是指服装中用于缝合衣片、连接各部位的纱线。缝纫线可以对服装起到加固作用，漂亮的缝线、美观的针迹也可以对服装进行装饰。

六、服装紧扣材料

服装紧扣材料是起连接、装饰等作用的辅料，有纽扣、拉链、挂钩、尼龙搭扣及带子等。

七、商标及标识

商标是指商品的生产者、经营者或者服务的提供者，为了表明自己、区别他人，在自己的商品或者服务上使用的可视性标记，即由文字、图形、字母、数字、三维标志和颜色组合所构成的标记。商标不仅能阻止服装商品假冒之类等不正当竞争，保护服装企业的正当利益，而且还能起到装饰和美化服装产品的作用，使消费者乐于购买。标识的本质在于它的功用性，具有不可替代的独特功能。服装产品中包含许多标识，用简洁的符号或图形传达了更为深层的内容或信息，如洗涤标识、熨烫标识等。

八、服装装饰性辅料

服装装饰性辅料是指服装上起装饰作用的辅料，包括花边、带类、流苏、缀片、珠子、水钻、绣片等。

第二节　服装辅料现状及发展趋势

一、服装辅料发展现状

服装辅料的发展经历了漫长的岁月，服装辅料工业的真正雏形是在辛亥革命以后，随着中山装的流行，黑炭衬、马尾衬在我国出现。20世纪初在浙江定海建成我国最早的纽扣厂，标志着服装辅料在我国开始了机械化生产。

新中国成立以后，由于服装样式的单一化，服装辅料工业没有大的进展。直到改革开放后的20世纪80年代和90年代，衬布、纽扣、里料、拉链等辅料才得到迅速的发展壮大，并通过引进大量国外的先进设备及技术，开始形成我国的服装辅料工业体系。而且，西装、时装的盛行，也大大推动了我国服装辅料的发展。辅料的产品门类不断丰富，质量档次不断提高，使辅料成为服装生产要素之一。

从20世纪末至21世纪初，世界服装辅料的生产格局发生了很大变化，由海外向我国（大陆）迁移。世界著名的服装辅料生产跨国公司纷纷采用合资或独资的方式在我国建厂。例如德国汉莎里料公司、日本YKK拉链公司、法国比佳利衬布公司等，在我国江浙沪沿海地区建厂。同时，我国的民营辅料企业也不断发展壮大，既有规模化生产的企业集团，还有大量的小型服装辅料企业如雨后春笋般蓬勃发展，形成了我国数以百计的服装辅料生产企业的群体。

二、服装辅料发展趋势

随着人们生活水平的提高以及生活方式的改变，人们对服装产品有了更深层次的需求，对服装的时尚性、舒适性、健康环保以及功能性的要求更加突出。同时，随着科技的发展，大量的新技术、新工艺、新设备也推动着服装辅料的发展。对于服装辅料的发展趋势，可总结如下几点：

（一）服装辅料的装饰作用加强

服装辅料的功能可概括为三点：服用性、装饰性和功能性。服装辅料中的拉链、纽扣、里衬等都是以其服用性而运用到服装产品的，服用性一直是服装辅料的传统的主要功能，对服装起保形、造型、紧固、连接的作用。比如说，拉链就是作为连接件在服装产品中起连接的作用；里衬用于服装产品的内层，起到补强、挺括的作用。

随着我国服装行业的高速发展，服装辅料行业已经具有相当规模，专业化水平越来越高，产品种类也越来越多。由于消费者对个性、时尚的不断追求，服装辅料已被额外地赋予装饰、点缀的作用，正从"实用功能"转向"时尚装饰功能"。辅料的设计也开始融入服装整体设计之中，成为时尚、流行的关键元素，设计师对服装辅料的搭配使用，往往可以起到画龙点睛、事半功倍的效果。

如今，不论是在高级时装发布会的现场，还是在人头攒动的商场、专卖店，都不难发现被辅料装饰得格外耀眼的服装产品。例如彩色拉链、镶钻拉链、闪光拉链，在服装行业已经司空见惯。实际上，拉链的装饰性和艺术性甚至超过它的服用性，是拉链产品在服装服饰行业发展的新方向。据有关调查资料显示，现在服装产品上的纽扣，只有 30% 起连接功能，另外的 70% 则承担着装饰的作用。一件平平常常的服装，往往会因为某几处纽扣的巧妙点缀，显得与众不同。

（二）更加注重材料的环保性

随着人们环保意识的增强，对服装的环保性要求也随之越来越高。为了规范服装产业在环保性方面的要求，1992 年国际环保纺织协会制定并颁布了《国际生态纺织品标准 100》(*Oeko-Tex Standard* 100)，在此标准中禁止和限制在纺织品上使用的有害物质并明确出检测标准。另外，我国于 2003 年制定和颁布了 GB 18401-2003《国家纺织产品基本安全技术规范》。服装辅料作为服装的重要部分，必须严格执行上述标准。

（三）功能辅料前景广阔

近年来，随着特殊功能服装的大力发展，如航天服、潜水服、极地考察服、夜间作战服、消防服、防辐射服等，服装辅料也需要具有某种特殊的功能，例如防水、防辐射、阻燃防火、防风防寒等功能。即使普通服装，人们对其舒适性和功能性的要求也越来越高，这需要服装辅料具有抗菌防蛀、吸湿排汗、抗静电等功能。随着科学技术的进步，新型材料不断出现，功能辅料这一领域将会逐步拓宽。

（四）新材料、新技术的应用

在漫长的岁月中，人们在生产和劳动中不断探索和积累，需要发展服装辅料的新材料和新技术。从使用天然的纤维材料到大量应用化学纤维，从应用普通纤维材料到应用具有功能性、环保性的材料，服装辅料的材料发生了翻天覆地的变化，材料的数量大幅度增加，品种不断丰富，性能更加完善。

同时，通过新技术、新工艺，使服装辅料更加符合人类服装的需要。通过新的化学纤维的加工技术，涌现出具有高强、耐热、高弹性等优良特性的辅料品种；通过新的整理方法，如轧光、防皱整理、拒水整理、阻燃整理、防霉防蛀整理、保健卫生整理、防水透湿整理、防污除臭整理等新辅料的功能性更加完善和全面；以及机器自动化、人体工程学等方面的影响，服装辅料的性能、款式都在发生巨大的变化。

第二章

服装衬料

　　服装衬料属于服装辅料八大类之一，在辅料中占据着相当重要的地位。衬料是服装的骨骼，起着衬垫和支撑的作用，保证服装的造型美，而且适应体型，掩盖体型的缺陷，增加服装的合体性。同时服装衬料可以提升服装的穿着舒适性，提高服装的服用性能和使用寿命，并能改善加工性能。

　　服装衬料种类繁多，按使用的部位、衬布用料、衬的底布类型、衬料与面料的结合方式可以分为若干类，主要品种有棉衬、麻衬、黑炭衬、马尾衬、树脂衬、黏合衬等。

第一节 衬料概述

一、衬料定义和作用

（一）衬料的定义

在服装的某些部位，附着于面料反面，起衬托撑型作用的材料统称为衬料。衬料多指衬布，即用于服装的肩、胸、领、袖口、袋口、门襟、前身等部位的衬布。传统衬布是上浆或不上浆的棉、麻、毛等天然纤维机织布和针织布；现代衬布是以天然纤维和化学纤维的机织布、针织布和非织造布为基布，经树脂整理或涂胶加工制成的衬布，如机织树脂黑炭衬布、机织树脂衬布、机织（针织）热熔黏合衬布、非织造热熔黏合衬布等。根据纺织行业标准 FZ/T 01074-2010《服装衬产品标识》和 FZ/T 64001-2011《机织树脂黑炭衬》，对这些衬布定义如下：

机织树脂黑炭衬布：由棉、化纤、羊毛纯纺或混纺纱做经纱，化纤与牦牛毛或其他动物毛混纺纱做纬纱，织成基布，再经树脂整理而制成的衬布。

机织树脂衬布：由棉、化纤纯纺或混纺的机织物或针织物为基布，经练漂或染色等整理，再经树脂整理而制成的衬布，简称树脂衬。

机织（针织）热熔黏合衬布：指以棉、化纤纯纺或混纺的机织物或针织物为基布，经练漂或染色等整理，再经热塑性热熔胶涂布而制成的衬布，简称机织黏合衬或有纺黏合衬。

非织造热熔黏合衬布：由非织造布为基布，经热塑性热熔胶涂布而制成的衬布，简称非织造黏合衬或无纺黏合衬。

（二）衬料的作用

衬布的作用是衬托面料，使面料既有硬挺度又有随动性，既便于服装加工，又利于提高服装外观效果。衬料在服装中的作用主要有以下五个方面：

（1）使服装整体挺括，折边清晰规整或平直，达到理想的设计造型外观效果。

（2）保持服装良好的结构形态和稳定的尺寸。

（3）改善并提高服装面料的加工性能及其抗皱性能。

（4）提高服装的局部保暖性和耐穿性。

（5）对服装起到衬托、支撑、造型的作用，修饰人体缺陷（如低胸等），以达到最佳穿着效果。

二、衬料分类与特点

（一）衬料的分类

衬料的分类方法很多，常用以下方法进行分类：

1. 按厚薄与面密度分类

可分为：轻薄型衬布，面密度 $<80g/m^2$；中型衬布，面密度 $80\sim160g/m^2$；厚重型衬布，面密度 $>160g/m^2$。如图 2-1~ 图 2-3 所示。

图 2-1　轻薄型衬布　　　　　图 2-2　中型衬布　　　　　图 2-3　厚重型衬布

2. 按用途分类

可分为衬衣衬、外衣衬、裘皮衬、丝绸衬、绣花衬等。

3. 按基布的织造方式分类

可分为机织布衬、针织布衬和非织造布衬等。

4. 按用于服装的部位分类

可分为领衬、胸衬、腰衬、袖口衬、裤口衬、肩衬等。

5. 按纤维原料分类

可分为棉衬、麻衬、毛衬、化学纤维衬、纸衬等。

6. 按基布种类及加工方式分类

可分为棉衬、麻衬、马尾衬、黑炭衬、树脂衬、黏合衬和非织造衬等。如图 2-4 所示，从左到右依次为：马尾衬、定型马尾衬、全毛黑炭衬和黑色黏合衬。

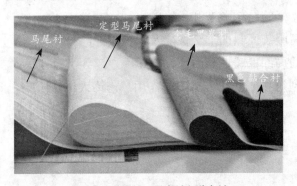

图 2-4　马尾衬、黑炭衬和黏合衬

按基布种类及加工方式分类是最常用的分类方法，并进一步细分为若干小类，分类结果见表2-1。

表 2-1　衬料分类表

棉　衬	软衬（即不上浆）	黏合衬	非织造黏合衬
	硬衬（即上浆）		机织黏合衬
麻　衬	纯麻布衬		针织黏合衬
	混纺麻布衬		多段黏合衬
马尾衬	普通马尾衬		黑炭黏合衬
	包芯纱马尾衬		双面黏合衬
黑炭衬	全毛型	树脂衬	全棉基树脂衬
	普通型		全麻基树脂衬
	纬纱交织型		化纤树脂衬
非织造衬	一般非织造衬		混纺树脂衬
	水溶性非织造衬		黑炭树脂衬

（二）各类衬料的特点

1. 棉衬特点

纯棉布或上浆棉布衬，有细平布衬、粗平布衬、纯棉嵌条衬（袖窿、底边）。棉衬布面平整，手感柔软，有缩水性，常做普通衣料的衬布，如中山装等。

2. 麻衬特点

麻衬包括纯麻衬和麻混纺衬。麻衬一般是平纹组织，具有很好的弹性和韧性。

3. 马尾衬特点

马尾鬃做纬纱，棉、涤棉或毛做经纱，现也用包芯马尾纱做纬纱，弹性好，不易折皱变形，用于高档西装、大衣的胸衬。

4. 黑炭衬特点

毛纤维纯纺或混纺为纬纱，棉为经纱，有的经过树脂浸渍处理，颜色多为深灰与杂色。新型黑炭衬有本白色衬，硬挺有弹性，造型好，用于中高档服装的衬布。

5. 树脂衬特点

以棉、涤棉或纯涤纶布为基布，经漂染和树脂胶浸渍处理加工而成，硬挺度高、弹性好、缩率小、耐水洗、尺寸稳定、板硬，但甲醛含量较高。

6. 黏合衬特点

将热溶胶涂于底布上而制成，挺括美观并富有弹性。使用过程中不需繁复的缝制加工，在一定的温度、压力和时间条件下，即可使黏合衬与面料（或里料）黏合。

7. 非织造衬特点

非织造衬裁剪后切口不脱散，与机织物相比经纬向差异小，使用时方向性要求低，价格低廉，经济实用。

（三）衬料的基本性能

衬料具有以下三个基本性能：

1. 黏合性

不同衬料具有不同的黏合性。了解衬料的黏合性有利于选择合适的衬料固定方式，如普通棉、麻或毛衬布不具黏合性，制衣中只能将它们缝合固定；树脂衬受热时黏合性好，制衣中可用热压固定。

2. 刚柔性

不同衬料的硬挺度不同，如男衬衫领衬属硬衬，而女衬衫门襟衬属柔软衬。

3. 复合性

衬料一般由单一材料制成，但也有几种衬料复合层压的，简称为覆衬。

三、衬料产品标识

普通的棉、麻衬是未经整理加工或仅上浆硬挺整理的棉布或麻布。棉、麻等普通衬料没有专门的衬料标识。纺织行业标准只对现代衬料中的热熔黏合衬布和机织树脂黑炭衬布做了专用的产品标识。

（一）热熔黏合衬布的产品标识

产品标记由三部分组成。第一部分为英语字母，表示基布材质类别，具体见表2-2。第二部分由四位阿拉伯数字组成，其中第一位表示衬布应用类别，见表2-3；第二位表示基布组织结构，见表2-4；第三位表示热熔胶种类，见表2-5；第四位表示涂布工艺方法，见表2-6。第二部分与第三部分要用短横线（-）连接。第三部分由三位阿拉伯数字组成，表示衬布的面密度，若其值是两位数，则第一位为0。

表 2-2 衬布基布标记代号

材质	棉线	黏胶	涤纶	维纶	腈纶	丙纶	锦纶	麻	毛
代号	C	R	T	V	A	O	N	F	W

表2-3 衬布分类标记代号

衬布分类	衬衣衬	外衣衬	丝绸衬	裘皮衬
标记代号	1	2	3	4

表2-4 衬布基布组织标记代号

衬布分类	代号	衬布分类	代号	衬布分类	代号
机织平纹布	1	针织单梳变化编链衬布	4	水刺非织造布	7
机织斜纹布	2	针织双梳编链加经平衬布	5	热轧非织造布	8
针织双梳衬布	3	无纺编链衬布	6	化学黏合非织造布	9

表2-5 热熔胶分类标记代号

热熔胶种类	标记代号	热熔胶种类	标记代号
其他胶种	0	共聚酯PES	4
高密度聚乙烯HDPE	1	乙烯—乙酸乙烯EVA	5
低密度聚乙烯LDPE	2	乙酸乙烯、乙酸乙烯EVAL	6
共聚酰胺PA	3	聚氨酯PU	7

表2-6 涂布方法的标记代号

涂布方法	标记代号	涂布方法	标记代号
其他方法	0	浆点法	4
热熔转移法	1	网点法	5
撒粉法	2	网膜法	6
粉点法	3	双点法	7

　　产品标记含义举例：如产品标记为C1113-138，表示基布材质是棉纤维，属于衬衣衬，基布是机织平纹布，胶是高密度聚乙烯HDPE，粉点涂布法制得，该衬布面密度为138g/m²。该产品简称为纯棉衬衫机织黏合衬。

（二）机织树脂黑炭衬布的产品标识

机织树脂黑炭衬布的产品标识较热熔黏合衬布简单。例如：WRW500-CS9305，表示羊毛、黏胶和驼毛或牦牛毛三种原材料，500 是黑炭衬的代号，CS9305 是企业品名代号。

四、衬料质量标准

衬料的主要质量指标包括热收缩率、水洗收缩率、水洗及干洗性能、剥离强度、回潮率等，以及底布的组织结构及性能、涂布的热熔胶类别等。

衬布的质量标准有 FZ/T 01074-2010《服装衬产品标识》、FZ/T 64001-2011《机织树脂黑炭衬布》、GB/T 28460-2012《马尾衬布》、GB/T 28465-2012《服装衬布检验规则》、FZ/T 64032-2012《纬编针织黏合衬》、FZ/T 64027-2012《低甲醛针织黏合衬》、FZ/T 64025-2011《涂层面料用机织黏合衬》、HG/T 3697-2000《纺织品用热熔胶黏剂》等国家标准和行业标准，还有各企业制定的内部标准。

五、选配服装衬料的基本原则

1. 与服装面料的性能相配伍

衬料和面料的缩水率要一致，弹性大的面料选弹性衬料。衬料应有随动能力，黏合衬布的经向要配合面料的经向特征，衬布应比面料轻而薄，实现面料带动衬布，而不是面料跟随衬布。

2. 与服装造型的要求相协调

服装造型需要笔挺时，应选用身骨较硬的衬料。

3. 与实际的制衣生产设备条件相符合

高温定型、高温熨烫的服装配以耐高温的衬料。

4. 与服装的档次及成本相一致

高档服装的质量要求比较高，衬料也应与整体品质相匹配，应选用价格较高、质量好的村料。

5. 考虑服装的使用和保养

衬料不能影响服装的使用寿命，同时应易于打理，不能对服装的保养造成困难。

六、衬料选配实例

根据衬料选配原则，服装各部位选用衬料的种类不同，表2-7为上装各部位衬料的选择实例，供选配衬料时参考。

表 2-7　服装各部位衬料选配实例

胸　衬	底　衬	棉或黏胶黑炭衬、黏合衬
	挺胸衬	全毛黑炭衬、马尾衬
	保暖衬	薄型毛毡、腈纶棉
	下脚衬（腰节线以下胸衬）	棉衬、黏合衬
	肩部增衬	化学纤维衬
	胸部固定衬	棉衬
领　衬	衬衣领	棉衬、化学纤维衬、黏合衬
	西服领	领底呢（毡类织物）辅以黏合衬
挂面衬	门襟部位	棉衬、化学纤维衬、黏合衬

第二节　黏合衬

黏合衬是服装工业现代化的重要标志，黏合衬以黏代缝，既简化了服装加工工艺，又使服装向轻、薄、软、挺发展。随着黏合衬生产技术的不断改进，黏合衬的质量不断提高，已经成为应用最广泛的服装衬料。

一、黏合衬定义与分类

黏合衬即热熔黏合衬，是将热熔胶涂于底布上制成的衬布。

对于黏合衬来说，黏合剂就是热熔胶，被黏物就是底布和面料。衬布与面料的黏合是在一定时间范围内进行加热、加压，使被熔化的热熔胶浸润并渗入面料和底布纱线纤维的缝隙间，冷却固化后衬布和面料便牢固地黏在一起，使服装达到挺括美观并富有弹性的效果。

黏合衬的品种繁多，一般分类如下：

（一）按基布分类

黏合衬按底布的不同可分为机织黏合衬、针织黏合衬和非织造黏合衬。

1. 机织黏合衬

通常基布为纯棉或棉与化纤混纺的平纹织物，如图 2-5 所示，它的尺寸稳定性和抗皱性较好，多用于中高档服装。

2. 针织黏合衬

包括经编衬和纬编衬，基布为经编或纬编针织物，如图2-6所示。它的弹性较好，尺寸稳定，多用于针织物和弹性服装。

针织黏合衬和机织黏合衬统称为有纺黏合衬。

3. 非织造黏合衬

基布是以化学纤维为原料制成的非织造布，非织造黏合衬又称无纺黏合衬，如图2-7所示。非织造黏合衬生产简便，价格低廉，应用广泛。

图2-5　机织黏合衬　　　　图2-6　针织黏合衬　　　　图2-7　非织造黏合衬

（二）按热熔胶种类分类

按热熔胶种类分类，分为聚酰胺、聚乙烯、共聚酯等类型。

1. 聚酰胺（PA）黏合衬布

聚酰胺（PA）黏合衬的特点是价格较高，耐干洗极好，不耐热水洗涤，黏合强度高，弹性、悬垂性优良，低温手感柔软，热压温度在100～120℃，适用于耐干洗的高档服装，持久耐用。低熔点聚酰胺适用于毛皮、丝绸面料的黏合，用家用电烫斗在95～120℃即可使衬布与面料牢固黏合，具有较好的黏合强度，多用于衬衫、外衣等。

2. 聚乙烯（PE）黏合衬布

高密度聚乙烯（HDPE）具有较好的水洗性能，但温度及压力要求较高，多用于男式衬衫。低密度聚乙烯（LDPE）具有较好的黏合性能，但耐洗性能较差，多用于暂时性黏合衬布。总体来说，聚乙烯黏合衬的特点是价廉、耐水洗性好、耐干洗性差、压烫黏合温度较高（160～190℃）、黏合强度较低、手感稍硬，适用于衬衫领衬，不适用于对热较敏感的面料，如裘皮、丝绸等。

3. 共聚酯（PES）黏合衬布

共聚酯（PES）黏合衬具有较好的耐洗性能，对涤纶纤维面料的黏合力尤其强，多用于涤纶仿真丝面料。

4. 乙烯-醋酸乙烯类（EVA）黏合衬布

聚乙烯-醋酸乙烯黏合衬布具有较强的黏合性，但耐洗性能差，多用于暂时性黏合，压烫温度为 100℃左右。

5. 聚氯乙烯（PVC）黏合衬

聚氯乙烯（PVC）黏合衬有很好的黏合强度和耐洗性能，但手感较差，主要用作雨衣黏合衬。

6. 乙烯–醋酸乙烯–乙烯醇（EVAL）黏合衬

用 EVAL 三元共聚物作为热熔黏合剂涂布的黏合衬具有较高的剥离强度，手感柔软，压烫条件温和（120～150℃），有良好的耐水洗和耐干洗性能，广泛应用于丝绸、裘皮、皮革等热敏感面料的服装衬布。

（三）按涂布方法分类

按涂布方法可分为粉点黏合衬、浆点黏合衬和双点黏合衬。

1. 粉点黏合衬

将黏合剂微粒撒在滚筒的凹坑内，然后压印在基布上，形成有规律且分布均匀的粉点黏合衬，如图 2-8 所示；也可以用撒粉法形成无规律的粉点黏合衬。粉点涂层的黏合衬工艺简单、成本低，但弹性手感较差。

2. 浆点黏合衬

先将热熔胶调成浆糊状，然后通过圆网将胶粒黏在基布上，形成胶粒大小分布均匀的浆点黏合衬，如图 2-9 所示。采用浆点涂层的黏合衬主要用于质地轻薄、手感柔软的女装，对黏合力要求不高的服装以及作为服装小部位用衬。

3. 双点黏合衬

当底布与面料的黏合性能不同时，在底布上涂两层重叠的不同种类的热熔胶，下层胶与底布黏合，上层胶与面料黏合，以获得理想的黏合效果，如图 2-10 所示。

双点涂层可以是一层粉点一层浆点，也可以是双粉点或双浆点。双点衬适用于质量要求高和难黏合的服装面料。例如选用热固型聚亚氨酯（PUR）做底浆，共聚酰胺（PA）做涂粉，产品手感好，黏合力强，耐干洗、水洗，不渗胶，但成本较高，适用于中高档服装。

 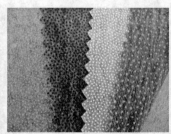 

图 2-8　粉点黏合衬　　　　图 2-9　浆点黏合衬　　　　图 2-10　双点黏合衬

（四）按涂层点几何形状分类

按涂层点几何形状分为网状黏合衬、裂纹复合膜状黏合衬、无规则撒粉状黏合衬、计算机点状黏合衬、规则点状黏合衬和有规则断线状黏合衬六种，如图 2-11 ～ 图 2-16 所示。

图 2-11　网状黏合衬

图 2-12　裂纹复合膜状黏合衬

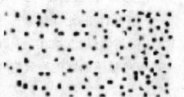
图 2-13　无规撒粉状黏合衬

图 2-14　计算机点状黏合衬

图 2-15　规则点状黏合衬

图 2-16　有规则断线状黏合衬

二、黏合衬的质量

（一）黏合衬质量要求

1. 涂布均匀

黏合衬布上热熔胶涂布均匀，与面料黏合能达到一定的剥离强度，在使用期限内不脱胶。

2. 适当的黏合温度

黏合衬布能在适宜的温度下与面料压烫黏合，压烫时不会损伤面料和影响手感。

3. 适当的热收缩性

衬布的热压收缩与面料一致，压烫黏合后，具有较好的保形性。

4. 不渗胶

黏合衬经压烫加工后，绝不允许热熔胶渗出面料或衬布的背面，否则会影响服装的外观和手感。渗料现象不仅与热熔胶涂布不良有关，也与压烫方式有关，往往压烫温度过高会发生渗料现象。另外，轻薄织物容易出现正面渗料，故对轻薄织物最好选用胶粒细小、涂布量较低的衬布。

5. 适当的缩水率

黏合衬布的缩水率要与面料相一致，黏合后与面料配伍良好，水洗后保持外观平整，不起皱、不打卷。

6. 耐洗牢度好

永久黏合型黏合衬布必须有良好的耐洗性能，耐干洗或耐水洗，洗后不脱胶、不起泡。

7. 较好的随动性

黏合衬布要有较好的随动性和弹性，具有适宜的手感，能适应服装各部位软、中、硬不同手感的要求。新型合纤面料，特别是仿真丝和仿毛面料，经向、纬向都有较大的伸缩性，制成的服装潇洒飘逸，为此要求衬布在经向、纬向或对角线方向有一定的伸缩性，能随着面料的变化而变化，这是对高档次衬布提出的质量要求。

8. 有较好的透气性

热熔胶本身不透气，用热熔胶薄膜或热熔胶涂层连接成片，均会影响衬布的透气性能，因此衬布热熔胶采用不连续点涂方式，以保证衬布的透气性。

9. 具有抗老化性能

黏合衬布在储存期和使用期内，黏合强度不变，无老化、泛黄现象。

10. 良好的剪切和缝纫性能

剪裁时不会沾污刀片，衬布切边也不会相互粘贴；在缝纫机上滑动自如，不会沾污针眼。在剪切时，由于机械摩擦作用，切刀的温度高，使热熔胶熔化黏结在切刀上而影响剪切，有时还会造成衬布的切口互相黏结。在制造衬布时应考虑到这些问题，使热熔胶对金属有较好的防黏性。

一种黏合衬布不需满足以上所有要求，在制作服装时，必须按照服装的使用要求和面料的性能来选择黏合衬布，满足其中某些主要性能即可。

（二）黏合衬的主要质量指标

1. 剥离强力

剥离强力是指黏合衬与被黏合的面料剥离时所需的力，大小用 N/（5cm×10cm）表示。剥离强力的影响因素有以下七个方面：

（1）涂布量的大小：剥离强力随热熔胶涂布量的增加而增加，但过高的涂布量会影响织物手感并产生渗料现象。

（2）涂层的加工方法和条件：涂层分布的均匀性、胶粒的转移情况、胶粒的熔融状态等，均会影响剥离强力。

（3）胶粒的分布密度：剥离强力随胶粒密度增大而提高。

（4）热熔胶的黏度：热熔胶或粉体熔融后黏度越大，剥离强力就越高。

（5）底布的影响：底布的纤维种类、组织规格、预处理的情况等，都会影响黏合衬的性能。

（6）面料的影响：面料纤维的种类、表面光洁程度、是否经过树脂整理或有机硅油整理等，会影响黏合衬性能的发挥。

（7）压烫加工的影响：压烫条件、压烫设备和压烫方式等，同样影响黏合衬的性能。

2. 尺寸稳定性

尺寸稳定性有三个含义：干热尺寸变化、水洗后的尺寸变化和黏合洗涤后的尺寸变化。

3. 耐洗涤性能

黏合衬布的耐洗涤性能包括耐化学干洗性能和耐水洗性能。耐洗涤性能应以黏合织物洗涤后剥离强力下降来表示。但直观的方法是以洗涤次数和洗涤后有无脱胶、起泡现象来鉴别。对于永久黏合性衬布来说，耐洗性能是一项非常重要的指标。

4. 硬挺度和悬垂性

衬布的手感可用硬挺度和悬垂性来表示。要求硬挺的衬布，可用硬挺度指标衡量其手感；要求柔软的衬布，可用悬垂性指标来衡量其手感。但更多的是凭人的感觉。

四、黏合衬与压烫黏合工艺

黏合主要取决于热熔胶的性能。几种热熔胶适应的黏合方式为：HDPE胶适于机械干热黏合，手工难以黏合；LDPE、PES、PA、EVA胶的衬布，最佳效果是机械黏合；PES、PA胶的衬布，可用电熨斗黏合，也可用蒸汽黏合，但蒸汽压力必须足够。

黏合衬压烫工艺三要素是温度、压力和时间。不同的黏合衬有不同的工艺条件。表2-8为几种黏合衬的工艺参数。

表 2-8　黏合衬压烫主要工艺参数表

黏合衬品种	全棉黏合衬	涤棉黏合衬	无纺黏合衬
压烫温度（T）	165~175 ℃	160~170 ℃	100~150 ℃
压烫压力（P）	3~3.5×10^5Pa	1.5~2×10^5Pa	0.2~1.0×10^5Pa
压烫时间（t）	10~20 s	10~20 s	10~15 s

服装黏合衬布的出现使服装加工更加合理、省力，服装外形更加保形、挺括、美观。但是在服装生产当中由于压烫工艺不当，使得服装面料与黏合衬粘贴不牢固，出现气泡、剥离的现象时有发生。对这些异常现象分析其原因，总结出了相应的预防和解决措施，见表2-9。

表 2-9　黏合衬布使用中的常见问题与解决措施

常见问题	原 因 分 析	解 决 措 施
剥离强度低，黏合衬脱落	1. 黏合温度过高、过低、压力小、时间短等原因 2. 衬布或面料受潮原因 3. 衬布涂胶量低等质量原因	1. 调整黏合条件（温度、时间、压力） 2. 将受潮的衬布或面料烘干或晾干后再使用，改变储存条件，防止受潮 3. 换其他涂胶量充足的质量合格的衬布
黏合后起泡	1. 黏合工艺三要素（时间、温度、压力）掌握不当，引起黏合后起泡 2. 面料和衬布黏合时有热缩差，当黏合剂未凝固时，发生尺寸差造成热缩引起的起泡。一般面料热缩大于衬布时，出现衬布隆起的起泡；衬布热缩大于面料时，出现面料隆起起泡 3. 黏合后尚未冷却，就移动了黏合体，导致局部黏合起泡 4. 热熔胶涂敷不均匀，有漏点	1. 严格按产品规定的黏合条件黏合，同时调整好黏合机，并在批量投产前应先做试验，确认无误后才正常工作 2. 选用热缩率与面料相匹配的衬布；如面料热缩大时，可在黏合机内使用同样的黏合条件。先将面料进行热缩，适当调整黏合温度和时间，便面料的热缩控制在尽可能小的程度 3. 黏合后，待黏合体充分冷却后再行移动 4. 换质量合格的衬布
黏合体经洗涤后起泡	1. 三要素掌握不当，造成耐洗性能下降，在规定洗涤条件和次数内起泡 2. 衬布和面料的缩水不同步，如向衬一面卷曲，则说明衬布缩水大，即衬布缩水大于面料；反之是面料缩水大于衬布缩水。除卷曲外，织物表面不平整，并有起泡	1. 调整黏合三要素，并先进行试验 2. 选择缩水率与面料相近的黏合衬，同时可调整黏合的压力，压力过高，也会影响耐洗性能。另外，必须注意面料与衬布丝缕方向要一致，避免收缩方向不同
服装用衬部位出现黏衬印痕	1. 黏合加压时，在使用衬部位与单片面料之间出现厚度差 2. 面料因厚度不同，在使用衬布部位的衬边与未用衬的面料之间出现印痕	1. 调整黏合衬的黏合压力 2. 根据制作服装的经验，考虑用黏合衬的大小
黏合衬黏合时渗胶	1. 衬布涂敷加工时热熔胶粉的粒度，与采用加工工艺不相符而造成渗胶 2. 面料与衬布的匹配不当而造成渗胶 3. 黏合温度及黏合时间过长，而使热熔胶渗漏于面料表面	1. 根据面料的厚薄选用适宜生产的衬布。一般按面料从厚到薄，选用胶粒从密到稀的衬布 2. 购买衬布时应了解其热熔胶的性能，以便选择最佳黏合温度和黏合时间，如发生渗胶可适当降低黏合温度，缩短黏合时间，也可适当减少压力 3. 调整操作工艺，严格按照黏合工艺进行黏合

五、黏合衬与面料的配伍

（一）服装面料与黏合衬布的合理搭配

选择一种合适的黏合衬布，不仅要注意面料和衬布之间的缩水率相接近，还要了解面料特征、面料的纤维成分、组织结构和表面处理等要素。

1. 面料的纤维成分

羊毛面料吸水后尺寸会增大很多，干燥后就会缩小。因此在选择衬布时，必须考虑衬布是否能与面料保持一致性，黏合衬布的经向要配合面料的经向特征，并注意在黏合过程中对含水率的控制。

丝绸面料被称为热敏感面料，尤其是缎组织的面料，热和压力可使面料表面改变（比如光面），所以在选用黏合衬布时应选热熔胶胶粒细小的种类。

纯棉面料具有较高的耐热性，在热熔黏合过程中比较稳定，但是如果未经缩水处理，通常会有较高的缩水率，所以在选择黏合衬布时，必须注意两者的缩水率应相近。

亚麻面料通常难黏合，所以要特别注意黏合方法，以获得一定的黏合牢度。

涤纶和锦纶面料，热定型时所产生的折褶很难消除，应采用低于热定型的温度加工黏合衬布。腈纶面料，必须选择低温的热熔黏合衬布。

2. 面料的表面状态

经过起皱、起绒等表面处理的面料，黏合衬黏合后很容易改变面料本身的风格，所以选用黏合衬时应特别注意。例如泡泡沙、双绉等表面风格特征很容易被黏合加工时的压力所去除，所以应选用低压力黏合的衬布。又如绉绒、平绒、灯芯绒、海豹绒、鼠毛绒等，表面绒毛很容易受压力而破坏，选择衬布时尤需注意。

3. 面料的其他性能

在选择黏合衬时，还要考虑色泽、弹性、表面光滑程度、织物组织、厚度等。例如巴里纱、雪纱绸、乔其纱、闪光织物等，当黏合这类面料时，往往会发生渗胶或产生云绞、色差现象，所以在选择黏合衬时，应注意颜色的区别，尽量采用细小胶粒的黏合衬布。如遇深色面料时，最好采用有色胶粒衬布，以避免反光和闪光的色差现象。又如面料为弹性针织布时，应选用具有相同弹性的黏合衬布，还要考虑经向弹性和纬向弹性一致，否则衣服很容易变形。再如绸缎、塔夫绸等表面光滑的面料，一定要选择细小胶粒而黏合力较强的衬布。

（二）不同面料与黏合衬中热熔胶种类的配伍实例

不同面料与黏合衬中热熔胶种类的配伍实例见表 2-10。

表 2-10　面料与黏合衬胶种的配伍

面料材质	面料的特征	选用衬布的胶种	注意的问题
毛织物类	易吸水变形，难整型，热传导性弱	PA胶，浸润性要好	面料缩水率
丝绸织物类	热敏性强	低熔点PA、PES胶	避免高温、高压、蒸汽
棉织物类	吸水性强，缩水率大，烫后恢复性好	PE、PES胶	缩水率

（续表）

面料材质	面料的特征	选用衬布的胶种	注意的问题
麻织物类	不易黏合	PA-PES胶	缩水率,注意黏合条件
人造丝织物类	亮度高、热敏性强	PES、PA胶	避免高温,注意热缩
人造棉织物类	热敏,加热手感变硬	低熔点PA、PES胶	避免高温,注意手感
新合纤	仿真效果强,手感特殊	PES、PA弹性好的衬布	衬布伸缩性、随动性面料风格
裘皮	热敏	EVA胶	避免高温高压
复合纤维	性能复杂,较单纤维舒适性好	PES、PA胶	衬布的伸缩性,随动

（三）黏合衬与西装用衬部位的配伍

服装对用衬部位的效果要求见表2-11。黏合衬与西装用衬部位的配伍见表2-12和表2-13。

表2-11 服装各部位用衬效果的要求

用衬部位	外 衣 服 装 业						衬 衣 衬		
	前幅	胸幅	袋盖	门襟	翻领	腰头	领尖	门襟	袖口
造型和保型	◎	◎			◎	○	◎		
饱满度	○	◎					○		
挺括度	○	○	○	○	○		○	○	
硬挺度							◎		○
附加说明	◎为特重视;○为一般的重视								

表2-12 男西裤用衬部位

序号	应用部位	使用的方法	效 果 作 用
1	腰	宽5~6 cm衬黏贴	防伸、硬挺
2	门、里襟	贴于面料的反面	硬挺
3	侧口袋	黏于贴边布	防伸、防下垂、硬挺
4	普通脚口	宽1.5~2 cm	防止缝皱
5	翻边脚口	单翻边用5~6 cm	硬挺、稳定脚口
6	后口袋	宽3~4 cm	防伸、防口脱散

表 2-13　西服上衣用衬部位

序号	使用部位	使用方法	效果作用
1	前衣片	衬布比衣片裁边小0.2 cm	起造型和保形作用
2	挺胸衬	用斜裁黏合衬或黑炭衬	起挺胸造型作用
3	挂面	用于前片同类衬布	平挺保形作用
4	肩缝线	用1.5~2 cm的嵌条	防止伸长,防止肩部布丝起缕弯曲
5	领夹	粘贴于领尖的反面用领底呢	起硬挺、补强作用
6	领面	贴于背面	起硬挺作用
7	驳头	贴于驳头尖部	起造型丰满作用
8	袖窿	粘贴1.5~2 cm嵌条	防伸、防布纹歪曲
9	袋口	贴宽2.5~3 cm	防伸、改善造型
10	袋盖	用无纺衬粘贴,贴宽4 cm衬	硬挺有弹性
	大袋袖衩		硬挺防伸
11	袖口袖衩	贴宽4 cm衬	防伸加固
12	下摆	略拉紧宽2~3 cm嵌条贴于下摆翻边	防伸、防下垂、平伏
13	领脚	贴1.5~2 cm嵌条	防伸长
14	腋下	条缕、平直粘贴	防斜、硬挺
15	中衩	粘贴3~4 cm的衬布	防斜伸、美观

（四）两层或多层黏合衬的配伍

　　有些外衣的上装的胸幅、衬衣的领子等部位采用两层或三层衬布进行黏合,以增强服装局部的饱满程度和硬挺度,但对第二层或多层衬布与第一层的要求是不一样的,因为面料与两层或三层的衬布黏合后形成一个很厚实的整体。当这个厚实体处于弯曲或者折叠时,最外层的织物处于绷拉状态,最里层处于挤压的状态,与面料黏合的第一层,处理不好会造成虚脱和起泡现象。为了避免这一现象的发生,要求第二层和第三层的衬布比第一层衬布稀松、柔顺、有伸缩性,第二层和第三层的胶粒点距较第一层可稀一点。总的来说,第二层或多层的配衬必须考虑不影响第一层的服用性能和黏合效果。

第三节　毛衬

一、毛衬分类与特点

　　一般把黑炭衬和马尾衬统称为毛衬。马尾衬或黑炭衬与胸绒按各自的功能组合在一起形成挺胸衬，其作为西服的骨架，对整件西服起着支撑作用，使西服柔软而挺括、轻盈而庄重。高档西装除了选高纱支的羊毛、含绒或含丝的精纺面料外，还必须选用毛衬，特别是马尾衬，才能凸显高档的效果。

（一）马尾衬

　　马尾衬是以纯棉纱或涤棉纱为经纱，以天然马尾为纬纱编织而成的。天然马尾是一种高弹性材料，柔软中含有刚气，坚挺中透着顺服，所以用这种材料制成的马尾衬布挺括而不板硬，富有弹性而不瘫软，堪称软硬兼具的服装衬布。

　　马尾衬又称马鬃衬，分为普通马尾衬和包芯马尾衬。

　　普通马尾衬是用马尾鬃与羊毛交织，或马尾鬃做纬纱、棉纱（棉混纺纱）做经纱的平纹织物，如图2-17所示。受马尾长度的限制，马尾衬的幅宽很窄，产量亦小。由于马尾鬃的弹性很好，马尾衬不但弹性足、柔而挺、不易折皱而且在高温潮湿条件下易于变形，是高档服装用衬。

　　用棉纱将马尾绞绕包纺连接起来，形成长度数以千米计的包芯纱线，称为马尾包芯纱。包芯马尾衬布是以棉纱为经纱、马尾包芯纱为纬纱而编织的衬布，如图2-18所示。

图2-17　马尾衬

　　马尾衬布的主要特点是手感柔软、挺括、弹性大、保形好、透气佳、缩水小、抗皱性强、对人体无伤害、对环境无污染。马尾衬布是符合环保要求的绿色产品。

　　马尾衬布在西装所采用的各种衬布中处于"王者"地位，它的历史可等同于西装。马尾衬的抗皱性和洗后抗变形性更是其他辅料不能比拟和替代的。

（二）黑炭衬

　　黑炭衬是用动物性纤维（牦牛毛、山羊毛、

图2-18　包芯马尾衬

人发）或毛混纺纱为纬纱，以棉或棉混纺纱为经纱而织成的平纹布，再经树脂加工和定型而成的衬布，如图 2-19 所示。

图 2-19　黑炭衬

黑炭衬的特点是硬挺、弹性好，常用于高档服装的胸衬等。根据黑炭衬用纱的粗细分为硬挺型和轻薄型。其中轻薄型黑炭衬适用于轻薄软挺的服装，其经纬纱线密度为 31.25 ～ 62.5 tex，有的采用精梳纱，衬布表面光洁度和手感都能满足薄型服装的需要。

二、毛衬主要性能与质量要求

黑炭衬和马尾衬的主要性能和质量要求如下：

（一）主要性能

1. 优良的弹性

毛衬以动物纤维为主体，所以黑炭衬和马尾衬的弹性和丰满度是其他类衬布无可比拟的。

2. 具有各向异性

由于毛衬经纱和纬纱性能的差异，毛衬在经向具有良好的悬垂性，纬向具有良好的挺括性和伸缩性，这种特性很适合西装的风格和造型。

3. 较好的尺寸稳定性

由于基布经过定型和树脂整理，其干洗和水洗后尺寸变化均较低，一般低于纯毛或混纺面料，具有与面料缩率变化相匹配的性能。

（二）质量要求

黑炭衬的质量标准有 FZ/T 64001-2011《机织树脂黑炭衬布》，马尾衬的国家标准为 GB/T 28460-2012《马尾衬布》。黑炭衬和马尾衬的质量指标如下：

1. 折痕回复角

用于测定衬料的弹性，测试方法按 GB/T 3819-1997《纺织品 织物折痕回复性的测定回复角法》进行测定。

2. 水洗后尺寸变化

又称缩水率，测试方法按 FZ/T 01084-2009《热熔黏合衬水洗后的外观及尺寸变化试验方法》进行测试。

3. 干洗后尺寸变化

干洗试验方法参照 FZ/T 01083-2009《热熔黏合衬干洗后的外观及尺寸变化试验方法》，但仅干洗一次。

4. 纬向密度

测试方法按 GB/T 4668-1995《机织物密度的测定》进行测试。

5. 单位面积质量（面密度）

测试方法按 GB/T 4669-2008《纺织品 机织物 单位长度质量和单位面积质量的测定》进行测定。

6. 断裂强力

测试方法按 GB/T 3923.1-2013《纺织品 织物拉伸性能 第 1 部分：断裂强力和断裂伸长率的测定 条样法》进行测定。

7. 硬挺度

黑炭衬对手感有不同的要求，一般可分软、中、硬三种手感要求，硬挺度可按 ZBW 04003-87《织物硬挺度试验方法 斜面悬臂法》测试，但更多的是按客户提供的样板进行对比确定。

8. 游离甲醛含量

国内没有规定要求，出口衬布游离甲醛含量不超过 300 mg/kg，测试方法按 GB/T 2912.1-2009《纺织品 甲醛的测定》为准。

机织树脂黑炭衬布的内在质量和外观质量要求及评级量化标准见表 2-14 和表 2-15。

三、毛衬生产与应用

（一）黑炭衬布的生产与应用

黑炭衬基布的生产方法与毛纺织品的基本相同。黑炭衬生产的关键环节是定型、柔软整理和树脂整理，加工流程如下：

原毛→拣毛→洗毛→混毛（可掺入化纤）→纺纱→络筒→整经→穿综穿筘→织布→烧毛→煮练→烘干→轧浆→预烘→拉幅定型→焙烘→预缩→树脂整理→机织树脂黑炭衬成品。

机织树脂黑炭衬用于西装大身衬、主胸衬的下层，在主胸衬的上层再覆一层黑炭衬、驳头衬。

表 2-14　机织树脂黑炭衬布的质量指标

质量指标	评级量化规定		
	优等品	一等品	合格品
纬向密度变化（％），不低于	−5	−5	−5
单位面积质量（％）	−5	−7	−8
水洗尺寸变化（％），经纬向都不低于	−1.0	−1.5	−2.0
干洗尺寸变化（％），经纬向都不低于	−1.0	−1.8	−2.0
折痕回复角（°），经＋纬不低于	240	220	200
游离甲醛含量（mg/kg），小于	300	300	300
耐洗色牢度	符合规定指标	符合规定指标	低于规定指标

表 2-15　机织树脂黑炭衬布的外观质量标准

质量指标		评级量化规定		
		优等品	一等品	合格品
采用结辫或标记（只/50 m）	幅宽 100 cm 及以内	6	8	10
	幅宽 100 cm 以上	8	10	15
幅宽允许公差（cm）	幅宽 100 cm 及以内	+2.0	+2.0	> +2.0
		−1.0	−1.0	< −1.0
	幅宽 130 cm 及以内	+2.0	+2.0	> +2.0
		−1.5	−1.5	< −1.5
	幅宽 130 cm 以上	+3.0	+3.0	> +3.0
		−2.0	−2.0	< −2.0
纬斜（％），不超过		6	7	8
明显的松边轨皱等影响布面平坦		不允许	不允许	不允许
明显的同匹疵点		顺降一个等级	顺降一个等级	顺降一个等级
每段允许段数、段长		一剪两段，每段不低于 10 m	二剪三段，每段不低于 5 m	三剪四段，每段不低于 5 m

（二）马尾衬布生产与应用

马尾衬的生产流程：整经→织造→精练→化学处理→机械定型→松弛处理→轧水烘干→树脂整理→马尾衬成品。定型处理后的马尾，由原来的光滑笔直状变成锯齿弯曲状，使经纱规格地镶入锯齿状马尾的沟槽中，从而解决了滑脱问题，牢度大大提高。

马尾衬以天然黑、花、白色马尾及棉或涤棉为原料，采用平纹组织织成，幅宽为40～65 cm，共计30个品种100多个规格。马尾衬布主要用作西装的肩衬，有效地衬托西装的肩部，使西装挺括而不呆板，丰满服贴又不失西装自身的潇洒与简约风格。由于马尾衬很硬，纬向马尾与经向棉纱和羊毛的摩擦力较小，马尾易戳出，因而马尾衬不宜用于服装的拗曲部位，而且在使用时最好周围用覆衬封闭。

包芯马尾衬的生产，除了以马尾包芯纱为纬纱外，其他与普通马尾衬布的生产类似。包芯马尾衬幅宽不再受马尾长度的限制，可用现代织机织造，还可以进行特种后整理，其使用价值进一步提高。包芯马尾衬除了具有马尾衬的各种性能外，门幅宽、衬料厚、风格粗犷，适用于服装肩衬和面料较厚、要求挺括大方的风衣、大衣、礼服、军官服等，也可与其他种类的马尾衬配合使用。

（三）组合定型毛衬加工与应用

组合定型毛衬简称为组合衬。它是以黑炭衬和马尾衬为主，辅以胸绒、嵌条衬和棉布衬等缝制而成的组合定型毛衬，如图 2-20~ 图 2-22 所示。

图 2-20 组合衬的衬片 　　 图 2-21 组合半身胸衬 　　 图 2-22 组合全身胸衬

西服上衣要保持优美的立体造型，要求前衣片必须有良好的丰满度和挺括感，为此必须选用弹性优良、硬挺度好、手感丰满的毛衬做胸衬，能充分表现出人体胸部挺拔的立体造型。为了适应西服缝制现代化工艺的需要，大型服装企业和衬布企业生产了各种规格的组合定型毛衬。

组合衬的设计与加工，一般是先按照所生产的西服上衣的款式和号型规格，制成相应的衬片样板；然后将选配的衬布裁成衬片，根据衬片组合的结构要求进行开省和三角针松式缝合；再经熨烫定型而制成。应用组合定型毛衬的优越性，首先是简化缝制工艺，节约缝制加工时间，显著提高生产效率，降低生产成本；其次是对缝制工人的技术要求降低，便于操作，有利于减少缝制物疵品，降低返工率。

传统的庄重型西服，面料和做工都很考究，应选用高档的组合定型毛衬，主衬料最好为马尾衬。

休闲型西服，因其穿着要求宽松随意，面料的质地较为柔软粗犷，缝制工艺也较庄重型西服简洁，所以组合定型毛衬多选用普通轻薄型的黑炭衬，大身衬选用黏合衬，覆衬的层次较少，西服的风格更显休闲多样。

第四节　树脂衬

一、树脂衬的定义与分类和特点

（一）树脂衬的定义

树脂衬是以棉、麻、化纤及混纺的机织物或针织物为底布，经过树脂整理，即浸轧树脂胶加工制成的衬布。

（二）树脂衬的分类

1. 按基布纤维分类

树脂衬布可分为纯棉树脂衬、涤棉混纺树脂衬、麻布树脂衬、毛棉混纺树脂衬、纯涤纶树脂衬布等。

2. 按基布织物分类

树脂衬布可分为机织树脂衬和针织树脂衬，如图 2-23 和图 2-24 所示。

图 2-23　机织树脂衬

图 2-24　针织树脂衬

3. 按使用部位和作用分类

树脂衬布可分为腰用树脂衬、领带树脂衬、嵌条树脂衬、西服硬领麻布树脂衬、衬衣领树脂衬等。

4. 按加工特点分类

树脂衬布可分为本白树脂衬、半漂白树脂衬、漂白树脂衬、什色树脂衬等。

5. 按使用性能分类

树脂衬布分为非黏合型树脂衬和黏合型树脂衬。

（三）树脂衬的特点

树脂衬布的特点是成本低、硬挺度高、弹性好、耐水洗、品种规格齐全，广泛应用于服装的衣领、袖克夫、口袋、腰及腰带等部位。

白色树脂衬容易吸氯泛黄，优质树脂衬的泛黄指标要求在 4 级以上。

二、树脂衬产品规格及质量要求

（一）树脂衬的产品规格

树脂衬布的产品规格主要由基布规格和树脂衬布加工特点来决定。

纯棉树脂衬布以纯棉机织平纹布为基布。常见纯棉基布的规格见表 2-16。

表 2-16　纯棉树脂衬布的基布规格

纱线细度（tex）		纤维成分	经纬密度（根/10 cm）		幅宽（cm）	无浆克重（g/m²）	织物组织
经纱	纬纱		经纱密度	纬纱密度			
28×2	58×2	纯棉	204	130	97	293.6	平纹
48	48	纯棉	228	181	97	207.6	平纹
58	58	纯棉	165	158	96.5	181.6	平纹
29	29	纯棉	236	236	127	120.6	平纹
18	18	纯棉	224	152	97	68.7	平纹
14.5	14.5	纯棉	236	236	122	66.8	平纹

纯化纤树脂衬布主要指基布由涤纶纤维组成的树脂衬布，其基布大部分是机织平纹布，只有少量是针织物。涤纶树脂衬布的基布规格见表 2-17。

表 2-17 纯涤纶树脂衬布的基布规格

纱线细度 （tex）		纤维成分	经纬密度 （根/10 cm）		幅宽 （cm）	无浆克重 （g/m²）	织物组织
经纱	纬纱		经纱密度	纬纱密度			
19.5	19.5	消光涤纶	202	202	97		平纹
22.2	33.3	有光涤纶	190	160	119.4	105	平纹
22.2	33.3	半消光涤纶	190	160	119.4	127	平

（二）树脂衬的质量要求

手感、弹性、水洗缩率、吸氯泛黄、游离甲醛含量等是树脂衬的主要质量指标。一般树脂衬的质量要求如下：

1. 树脂衬布的手感

不同的服装、不同的用途对树脂衬的手感要求不同，通常有软、中、硬三种手感，树脂衬布的手感用硬挺度表示。机织树脂衬布硬挺度的测试方法采用国家标准 ZBW 04003-87《织物硬挺度试验方法 斜面悬臂法》。

2. 树脂衬布的弹性

要求树脂衬布的弹性好，并且有持久性，即在使用环境的温湿度变化或衬布经水洗后，弹性基本不变。机织树脂衬布弹性的测试方法采用国家标准 GB 3819-1997《纺织品 织物折痕回复性的测定 回复角法》。

3. 树脂衬布的水洗缩率

要求纯棉树脂衬的经纬向水洗缩率都小于 1.5%，涤棉树脂衬和纯涤纶树脂衬的经纬向水洗缩率都小于 1.2%。

4. 树脂衬布游离甲醛含量

要求树脂衬布低醛化和无醛化。各国对树脂衬布游离甲醛含量的要求越来越严格，规定了各类纺织品的甲醛含量标准：儿童装要求无甲醛，外衣类游离甲醛含量低于 1 000 mg/kg，内衣类游离甲醛含量低于 75 mg/kg，中衣类游离甲醛含量低于 300 mg/kg。

三、树脂衬加工工艺

纯棉树脂衬布工艺流程：坯布→缝头→烧毛→退浆→煮练→漂白或染色→树脂整理→成品。

涤棉混纺树脂衬布工艺流程：坯布→缝头→烧毛→退浆→煮练→漂白或染色→树脂整理→成品。

纯涤纶树脂衬布的工艺流程：坯布→缝头→（烧毛）→退浆→水洗→（染色）→树脂整理→成品。

四、树脂衬在服装中应用

纯棉树脂衬布因其缩水率小、尺寸稳定、舒适等特性而应用于服装的衣领、前身等部位，此外还用于生产腰带、裤腰等。

涤棉混纺树脂衬布因其弹性较好等特性而广泛应用于各类服装的衣领、前身、驳头、口袋、袖口等部位，此外还大量用于生产各种腰衬、嵌条衬等。

纯涤纶树脂衬布因其弹性极好和手感滑爽而广泛应用于各类服装，它是一种品质较高的树脂衬布。这种衬的硬挺度和弹性均好，但手感板硬，主要用于衬衫领衬或需要特殊隆起造型的部位。目前已有将树脂直接浸轧于衣领而成的硬领，或者被热熔衬所代替。

第五节 非织造衬

一、非织造衬布分类与性质

非织造衬布价格低廉、品种多样，为当今广泛使用的服装衬料。非织造衬布的分类和性质主要取决于作为基布的非织造布。国家标准 GB/T 5709-1997《纺织品 非织造布 术语》对非织造布的定义是：定向或随机排列的纤维，通过摩擦、抱合或黏合，或者这些方法的组合而相互结合制成的片状物、纤网或絮垫，不包括纸、机织物、针织物、簇绒织物以及湿法缩绒的毡制品。非织造衬布是直接将非织造布作为衬布或以非织造布为基布，经涂层或树脂整理的衬布。非织造衬布也称无纺衬。

非织造衬按其加工和使用性能可分为一般非织造衬、水溶性非织造衬和黏合型非织造衬三大类，下面分述它们的类别和主要性质：

（一）一般非织造衬

一般非织造衬是最早使用的非织造衬，即直接用非织造布做衬布，现在仍用于针织服装、休闲类服装等。一般非织造衬常用纤维有黏胶纤维、丙纶、涤纶和再生涤纶。

一般非织造衬又可分为各向同性型和稳定型两种。

1. 各向同性型

手感柔软，富于伸缩性，具有适当的弹性。

2. 稳定型

手感较硬，不伸缩，富于回弹性。

非织造布的结构决定了一般非织造衬的蓬松性和透气性。

非织造布突破了传统的纺纱织布，具有工艺流程短、生产速度快、产量高、成本低、用途广、原料来源多等特点，因此非织造衬的价格低。

（二）水溶型非织造衬

水溶性非织造衬又叫绣花衬布，是由水溶性纤维和黏合剂制成的特殊非织造衬。水溶性非织造衬的主要原料为聚乙烯醇纤维。水溶性非织造衬的主要性能是溶解性，溶解温度 ≥ 90℃，溶解时间为 1 min，不溶物含量为零。

（三）黏合型非织造衬

黏合型非织造衬即非织造黏合衬，按其基布类型，又可分为以下五种：

1. 水刺非织造衬

水刺非织造衬的基布是水刺法生产的，即将高压微细水流喷射到纤维网上，使纤维相互缠结在一起，从而使纤网固结而成的水刺非织造布。

2. 热轧非织造衬

它的基布是热黏合非织造布，即在纤网中加入热熔纤维或热熔粉，再经过热轧黏合加固成布。

3. 纺黏非织造衬

它的基布是纺黏无纺布，即聚合物被挤出、拉伸而形成连续长丝后，将长丝直接铺成网，再经过自身黏合加固而成的无纺布。

4. 熔喷非织造衬

它的基布是熔喷无纺布，即成纤聚合物熔融挤出喷丝孔的同时受到高速热气流的喷吹，使纤维变细变短，成网加固而成的无纺布。

5. 针刺非织造衬

它的基布是针刺无纺布，即利用刺针的穿刺作用，将蓬松的纤网加固而成的无纺布。

二、非织造衬布在服装中应用

（一）一般非织造衬的应用

中厚型的一般非织造衬最适合做胸绒，配合黑炭衬等做胸衬，用于上衣的前身部位；厚型的稳定型的适用于衣领，做领底呢，如图 2-25 所示。各向同性型和稳定型非织造衬的用途见表 2-18。非织造衬不具方向性，是针织服装理想的衬布。

图 2-25　领底呢

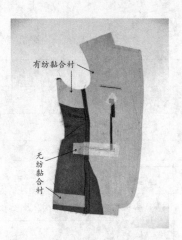

图 2-26　黏合衬使用部位

（图2-26标注：有纺黏合衬、无纺黏合衬）

表 2-18　各向同性型和稳定型非织造衬的用途

种类	面密度(g/m²)	同 性 型	稳 定 型
薄型	15~30	薄型且柔软的毛、丝、针织面料服装的衣领、上衣前身等部位	薄型化纤/丝/棉的衬衫、连衣裙、等的前身、衣领、袋盖等
中型	30~50	夏令男女服装、童装等的前身和驳头部位	雨衣、风衣、大衣、夹克、工作服的前身、衣领、袋盖、袖口等
厚型	50~80	春秋衫、男女外衣等的前身和驳头部位	厚料大衣、学生服、劳动服的前身和衣领、裤腰和腰带等

（二）水溶性非织造衬的应用

水溶性非织造主要用于衬绣花服装和水溶性花边的底衬。

（三）黏合型非织造衬的应用

单面黏合型用于服装的袋口、下摆等，如图 2-26 所示；双面黏合衬用于门襟衬或多层组合衬。黏合型非织造衬的用途见表 2-19。

黏合型耐高温水洗非织造衬是牛仔服装专用衬，它能符合牛仔服高温定型和磨砂处理的工艺要求。它是以涤纶短纤维为原料，经过梳理成网、热轧等工序而制成强力较高的非织造衬基布，然后采用耐高温热熔胶和特种浆料，进行涂层、烘干等工序而生产的耐高温水洗非织造衬布。它具有良好的黏合强力及耐高温水洗性能，与服装面料黏合后，在 90℃温度下水洗的剥离强力及耐水洗性能都达到质量要求，解决了用普通衬布加工的牛仔服在高温磨砂洗涤时黏合强力下降、起泡甚至脱落的问题。

表 2-19　黏合型非织造衬的用途

序号	用衬部位	用　法	效　果
1	上衣前身	与上衣前片面料黏合	挺括、保形、随动
2	衣领	粘贴领衬	防动、挺括
3	驳头	粘贴领衬	防动、挺括
4	袖窿上端	用1.5~2 cm宽的嵌条衬	防伸、固定丝缕
5	胸袋口	用2.5~3 cm宽的嵌条衬粘贴于挂面	防伸、固定丝缕、挺括
6	胸袋	用4 cm宽的衬块贴于前身	防歪斜、防脱散
7	下摆	用2~3 cm宽的嵌条衬	防伸、固定丝缕
8	领圈	用1.5~2 cm宽的嵌条，成弧状	防伸
9	袖窿下部	丝缕调正黏合	防歪斜、挺括
10	开衩（侧衩）	3~4 cm宽的嵌条	防歪斜、美观
11	门里襟	3~4 cm宽的嵌条	防皱、平整
12	侧袋	2~3 cm宽的嵌条	防伸、固定丝缕
13	搭门	5~7 cm宽的嵌条	防伸、平服

第六节　其他衬布

一、棉衬

图 2-27　纯棉机织衬布

　　棉衬用纯棉梭织本白平布制成，一般用中、低支平纹布，不加浆剂处理，手感柔软，又称软衬，如图 2-27 所示，多用于挂面、裤（裙）腰或与其他衬搭配使用。

　　棉布衬中的细布衬可用作一般质料服装的衬布，其中的嵌条布则主要用于上口、袖窿、底边等部位作为拉紧或定型用，它对服装的结构和造型有稳定加固作用。棉衬中的硬衬，则是指经化学浆剂处理的纯棉粗平布，手感硬挺，这种纯棉衬在市面上也称"麻衬"或法西衬，多用于传统制作方法的西服、中山装和大衣。

二、麻衬

麻衬有纯麻、混纺及纯棉布涂树脂，是西装、大衣的主要用衬。

麻衬多用于西服胸衬、衬衫领、袖等部位，如图 2-28 所示。麻纤维较为硬挺，可以满足西服的造型和抗皱要求。

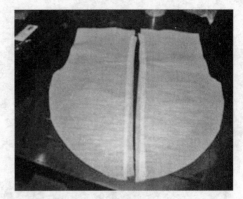

图 2-28 麻胸衬

三、纸衬

浆粕气流成网无纺布衬，又可称作无尘纸、干法造纸无纺布。它是采用气流成网技术，将木浆纤维板开松成单纤维状态，然后用气流方法使纤维凝集在成网帘上，纤网再加固成布。

湿法纸衬：将置于水介质中的纤维原料开松成单纤维，同时使不同纤维原料混合，制成纤维悬浮浆，悬浮浆输送到成网机构，纤维在湿态下成网，再加固成布衬。

四、腰衬

腰衬是专用于裤腰或裙腰部位的衬料。腰衬多采用锦纶、涤纶、棉为原料，按不同的腰高织成带状衬布，如图 2-29 和图 2-30 所示。腰衬对裤腰和裙腰部位起到硬挺、防滑、保形和装饰作用，腰衬还可用作大衣、风衣腰带或其他服装装饰带。使用腰衬可省去剪裁衬布的工序，提高裤、裙等服装的加工效率。因此现代服装生产中已普遍使用腰衬。

图 2-29 毛型腰衬

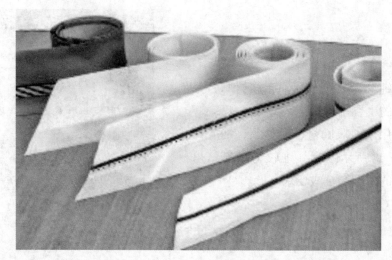

图 2-30 树脂腰衬

五、嵌条衬

嵌条衬也称牵条衬，分为有纺嵌条黏合衬和无纺嵌条黏合衬，如图 2-31 所示。

嵌条衬规格一般长度为 50 m，嵌条宽度为 5~30 mm，颜色有本白色、黑色和漂白色。嵌条衬适用于中等厚度或厚面料，因为下层使用 45° 斜切带，能够缝合面料。尤其对于易滑面料制作外套的领子，防止拉伸有很好的效果，能保持线条的完美。同时嵌条衬容易烫贴在有弧度的位置，可用熨斗代替缝纫，柔软轻巧，提供经济的生产程序。嵌条衬在服装中的应用可见表 2-18。

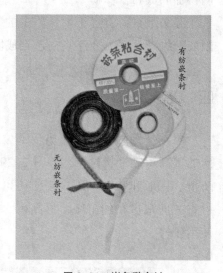

图 2-31 嵌条黏合衬

服装衬料品种繁多，性能各异。有的经济适用，有的高档昂贵；有的环保健康，有的略有污染。新型的绿色环保衬料将不断开发和应用，价廉物美的衬料将与日俱增。

第三章

服装垫料

服装垫料是附在面料和里料之间，为了保证服装造型要求并修饰人体的垫物，是用于服装造型修饰的一种辅料。随着服装行业的发展，服装垫料已成为服装行业必不可少的服装辅料之一。

服装上使用垫料的部位较多，但最主要的有胸、领、肩、膝几大部位，所以垫料在服装上主要用作胸垫、袖山、肩垫等，其中以肩垫最为常见。按材料的不同，垫料主要有棉垫、棉布垫、海绵垫，还有用羊毛、化纤等材料制成的垫料。

第一节　垫料概述

一、垫料的分类

服装垫料按使用的材料不同和使用的部位不同可划分为不同的种类。

（1）按照使用的材料可分为棉及棉布垫、泡沫塑料垫、羊毛与化纤下脚针刺垫。

（2）按照使用的部位可分为肩垫、胸垫、领垫、袖山垫、臀垫及兜垫等。

服装上使用垫料的部位比较多，但主要集中在胸部、肩部、领部、袖山部。

选配服装垫料要依据服装款式的造型要求、服装的种类、个人体型、流行趋势等综合分析。应用合适的服装垫料才能达到理想的造型效果。

服装垫料主要有肩垫和胸垫两大类。

二、垫料的作用

（一）修饰人体

垫料的使用能赋予服装丰满和优美的曲线外观，弥补人体的不足，使人体穿上服装之后，显得饱满、有型。

（二）塑造服装造型

垫料的使用可以使服装穿着更加合体、挺括、美观，达到强化服装的构成线条和立体效果的作用。

第二节　肩垫

肩垫又称为垫肩。19世纪30年代后期人们开始将时装的设计重点从腰臀部转移到肩部。设计师们设计出了一系列具有宽实肩膀的外套，夸张的肩部使女性像男人一样强势，带动了女权运动的流行，从此垫肩走进了女性的服装。垫肩虽小，却是服装不可缺少的辅料之一，对服装整体外观的影响很大。合理地选择和应用垫肩能有效提高服装产品的整体质量，美化服装的外观且穿着舒适。垫肩的应用范围很广，只要是外穿的服装，都可以考虑装垫肩。

一、肩垫的分类

肩垫是衬在服装肩部的半圆形或椭圆形的衬垫物，是塑造人体肩部的重要服装辅料。人体的肩部是有斜度的，加入垫肩能减小肩斜，延长肩线长，使肩部饱满。

肩垫的分类方法有多种，较常见的为以下几种：

（一）按主要作用分

可将肩垫分为功能型和修饰型。

1. 功能型

功能型肩垫又称为缺陷弥补型肩垫，主要用于修正肩部的造型。功能型肩垫主要适用于休闲类服装，厚度大约为 3~5 mm。

2. 修饰型

顾名思义，修饰型肩垫主要是用来对人体肩部进行修饰或彰显服装风格的一种服装工具。装饰型垫肩款式繁多、造型各异，主要适用于正装、时装等。同时，修饰型肩垫也兼具弥补缺陷的作用。

（二）按成型方式分

可分为热塑型、缝合型和切割型。

1. 热塑型

利用模具成型和熔胶黏合技术，可制作出款式精美、表面光洁、手感适度的肩垫，广泛适用于各类服装。对于薄型面料时装来说，高级热塑型肩垫更是不可或缺的工具。

2. 缝合型

利用拼缝机及高头车等设备，可将不同原材料拼合成不同款式的肩垫，其产品造型及表面光洁度较差，多适用于厚型面料服装。

3. 切割型

用切割设备将特定的原材料（比如海绵）进行切割而制成的肩垫。由于海绵易变形、易变色，这种类型的肩垫基本已被淘汰。

（三）按使用材质分

1. 定型肩垫

使用 EVA 粉末，把涤纶针刺棉、海绵、涤纶喷胶棉等材料，通过加热复合定型模具复合在一起而制成的垫肩，如图 3-1 所示。此类垫肩多用于时装、女套装、风衣、夹克衫、羊毛衫等服装。这种垫肩具备一定的造型，使肩部造型圆润美观。

其中海绵垫肩又分为三大类：平头（胚垫）、

图 3-1 海绵垫肩

圆头、壳型；按海绵质地的密度轻重、手感软硬分为：中泡、硬泡、普通、普通加硬、特密、特密加硬、特硬；按产品规格可分为：标准型和加大型。除了标准定型产品外，还有非标准、异型及根据客户要求定制的各款垫肩。

2. 泡沫塑料肩垫

用聚氨酯泡沫压制而成的垫肩，主要用于西装、大衣、中山装、女衬衫、时装、羊毛衫等服装，在中、低档服装中应用比较广泛。其特点是耐水洗，不易变形，柔软富有弹性，但耐热性差，不宜高温熨烫，容易老化发脆，所以使用时最好用布包住。

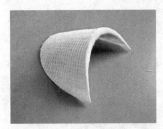

图 3-2 针刺垫肩

3. 化纤针刺肩垫

这是一种纤维制品，是用黏胶短纤维、涤纶短纤维、腈纶短纤维等为原料，用针刺的方法复合成型而制成的垫肩，如图 3-2 所示。此种垫肩产品款式丰富，外观漂亮，弹性良好，款型稳定、耐用，而且价格适中，适用于各类服装，但多用在西装、制服及大衣等服装上。目前用得比较多的是针刺垫肩，其特点是质地轻柔，缝制方便，但弹性稍差，且不宜高温熨烫。

4. 棉及棉絮肩垫

用白细布填入棉花做成的垫肩，多用于棉中山装、棉大衣。为了适应大量生产的需要，减少不必要的手工工艺，都选用棉、毛毡定型压制而成的半成品垫肩，如图 3-3 所示。个人也可以根据实际需要减少或增加垫肩的厚度。其特点是柔软平整，可高温熨烫，但不耐水洗，且弹性较差，易起泡，价格较高。

图 3-3 半成品垫肩

5. 硅胶肩垫

硅胶具有一定柔软性、优良绝缘性、环保无毒、柔软舒适、易清洗。硅胶肩垫常用于内衣，可避免肩部受文胸肩带的压力，同时防止肩带从肩部侧部侧滑，如图 3-4 所示。但硅胶的透气性差，除内衣外，在服装中的使用较少。

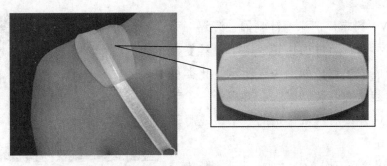

图 3-4 硅胶肩垫

二、肩垫的特征

肩垫作为服装肩部重要的服装配件，必须以人体的肩部构造为基础。完整地描述肩垫的特征，可以从以下几方面进行：

（一）颜色

肩垫的颜色一般呈现所使用材料的颜色，比如衬料、无纺布、海绵等的颜色。但是有时为了增加垫肩的耐用性、手感等，在垫肩外面包裹一层里布，布料的颜色多种多样，因而垫肩呈现的颜色也不同，如图3-5所示。

选配肩垫颜色时，要注意肩垫与服装面料的颜色匹配，一般肩垫的颜色要比面料的颜色略浅。

图 3-5　里布包住的肩垫

（二）形状

肩垫是以人体肩部的构造为基础进行设计的，所以肩垫的形状与人体肩部的形状相对应。但肩垫的作用不尽相同，有功能型肩垫或修饰型肩垫，所以肩垫的形状也有所变化。选择肩垫形状时，必须考虑服装整体的风格，起到增强服装整体表现力的作用。

肩垫的形状有拱形肩垫、窝形肩垫、翘形肩垫、非翘形肩垫和龟形肩垫等，如图3-6所示。

（三）规格

表达肩垫的规格通常采用长度、宽度、厚度、拱度，单位一般为毫米（mm），具体表示方法如图3-7所示。

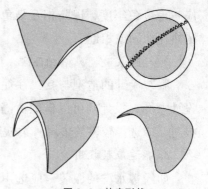

图 3-6　垫肩形状

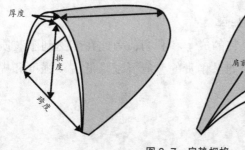

图 3-7　肩垫规格

（四）密度

不同种类的垫肩，使用的材料不同，密度也有所不同。密度小，垫肩较柔软，塑型性差，适用于休闲类服装及夏季轻薄类服装；密度大，垫肩硬挺，可塑性好，适用于西服、大衣等造型性强的服装。

（五）弹性

良好的弹性能保证服装在接受外力后肩部不变形，保持原有的造型。

三、肩垫的选用

（一）肩垫的选用原则

垫肩种类多样，性能各异，要充分发挥肩垫的作用，必须综合各方面的因素，合理选用。

1. 与服装面料性能相适应

垫肩应在颜色、厚薄、吸湿透气性、耐热性、缩水性、耐洗涤性、色牢度、坚牢度等方面与面料相匹配。比如深色面料的服装，特别是薄型的夏装，最好选择深色的垫肩，避免反透垫肩的颜色，影响服装的质量。如果选用与面料不同颜色的垫肩，也应考虑染色牢度，以防相互染色。对于需高温定型、熨烫的服装，要考虑面辅料间的耐热性相同或相近。

2. 与服装造型风格相匹配

服装设计的造型与款式往往会受垫肩的影响，合理的垫肩能很好地表达设计师的设计意图，设计师可以借助适当的肩垫来完成服装的造型。服装的肩部要突出饱满挺拔时，应选择较厚的垫肩；柔软风格的面料应选择弹性好、质地轻的泡沫垫肩。

3. 能适应服装用途

如经常水洗的服装，应选用耐水洗，且多次洗涤后不变形的垫肩；而需要干洗的服装，垫肩则要耐干洗，同时应考虑面料与垫肩在洗涤、熨烫过程中尺寸稳定性等方面的配合情况。

4. 与服装价格、成本和质量相匹配

服装材料的价格直接影响到服装的成本和利润，因此在能达到服装质量要求的前提下，一般应选择适宜的垫肩。但如果稍贵的垫肩可以降低劳动强度和提高质量，也可以考虑采用。

（二）肩垫的装缝

1.肩垫的预处理

垫肩装缝在有里服装和无里服装上，有不同的处理方法。半成品垫肩都是在有里的服装上采用的；而对于无里服装的垫肩，一般先用斜裁的同色里布将其包覆缝合，能有效地保护垫肩的材料，并能长久使用。对于轻薄柔软的面料，也可以采用同种面料包覆缝合。图3-5所示的垫肩就是用里布包覆后制成的，多用于衬衫、时装和羊毛衫等服装。

2.肩垫的装缝位置

垫肩要装在服装肩部合适的位置，一来可以增强服装的外观造型，二使穿着者感觉舒适。无论是服装工业生产用的垫肩，还是个人制作服装的垫肩，为了迎合人体体型的需要，都可以参考图3-8所示的位置和尺寸来装缝垫肩。若是连衣裙、衬衫装缝垫肩，可在此基础上适当缩小。

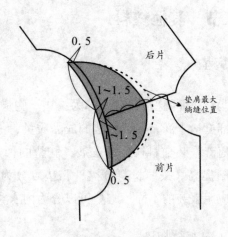

图3-8　垫肩装缝位置

3.肩垫的装缝工艺

垫肩的装缝工艺基本上有两种：固定式和活络式。

固定式是将垫肩永久性地缝在服装的肩部，不可任意取下，线迹要求密度适中、不松不紧，如图3-9所示。

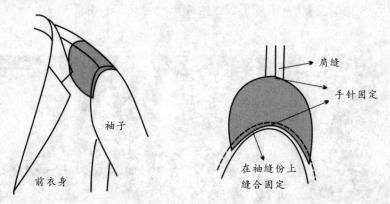

图3-9　垫肩的装缝工艺

活络式是可以从服装上随意取下的垫肩。活络垫肩靠魔术贴、揿钮或无形链等系结物固定于服装的肩部。这类垫肩要用面料或与面料同色的材料包覆，可以提高服装的质量和档次，如图3-10所示。这种装缝工艺的垫肩，常用于衬衫、针织服装或经常洗涤的服装，方便拆卸使用。

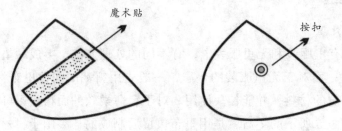

图 3-10　活络式垫肩

第三节　其他垫料

一、胸垫

能够保证胸型的垫料，称为胸垫。胸垫能够塑造胸部造型，弥补穿着者的胸部缺陷，使胸部挺括丰满，保证服装的成品质量，是服装中必不可少的重要辅料。

随着服装辅料行业的发展，胸垫的种类不断增多，其材料的选用及工艺制作技术也不断提高。按照材料分类，胸垫可分为机织物胸垫、针织物胸垫以及组合胸垫等。按照应用服装的不同，胸垫可以分为内衣类胸垫和西服类胸垫。

（一）内衣类胸垫

内衣类胸垫主要指女士文胸中可以保持胸型的棉垫，可以垫在文胸内部的网兜里，在乳房下部，使胸部看起来挺实、饱满、美观。内衣胸垫有棉垫、硅胶垫海绵垫等材质，如图 3-11 所示。内衣类胸垫有不同形状，水饺形、月牙形、椭圆形等。

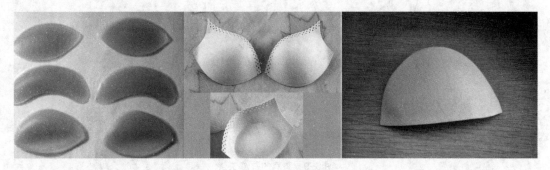

图 3-11　内衣胸垫

（二）西服类胸垫

西服类胸垫又被称为胸衬、胸绒、胸片，主要用在西服、大衣等外套类服装的前胸部位。胸衬是西服必不可少的重要辅料，一副胸衬的好坏直接影响西服的内在质量和外在效果，使用胸衬能使服装的悬垂性好，弹性好，立体感强，保形性好，而且具有一定的保温性，能弥补穿着者的胸部缺陷，使胸部挺括丰满。胸垫的大小根据服装的风格、款式、质量不同，使用的档次、规格、覆盖面积、层数等都会有所差别，如图 3-12 所示。

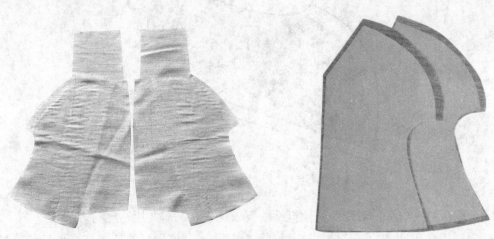

图 3-12 胸衬（通身胸片、半身胸片）

1. 胸垫的制作

胸垫（衬）由挺胸衬、胸绒、盖肩衬组成。

（1）挺胸衬：挺胸衬主要使用黑炭衬。黑炭衬裁配之前要缩水，以防止走形。挺胸衬需要收胸省、开肩省，经过归拔后与胸绒、盖肩衬纳缝固定。挺胸衬作为基础胸衬，是胸垫的主要部分，其样板根据成衣的工艺要求制作，可以是通身胸片，也可以是半身胸片。普通西服挺胸衬大多为半身胸片，裁剪方法如图 3-13 所示。根据西服前片裁制胸衬，驳头翻折线向内 2 cm，领口、肩缝、袖隆向外 1.5 cm，肩缝靠近领口 6 cm 处剪开 9 cm 长的刀口，缝制时拉开 1 cm 作为肩省，肩省下垫一块垫衬。胸衬的斜胸省长 9 cm。胸衬的省道由胸省、肩省组成，胸省为满足胸部的胖势所需而定，肩省为锁骨的形状而设。胸衬的丝缕方向与西服丝缕方向相同。

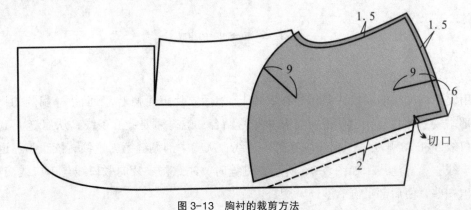

图 3-13 胸衬的裁剪方法

（2）胸绒：胸绒也称胸棉，是由针刺棉制成的。胸绒一般根据基础胸衬的尺寸裁制。驳头翻折线向内 2 cm，领口肩缝向内 1 cm，袖隆处与胸衬相同，下端向内 2 cm，如图 3-14 所示。胸绒不必考虑丝缕方向。

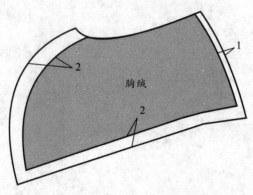

图 3-14　胸绒的裁剪方法

（3）肩头衬：肩头衬对弹性、硬挺性的要求比较高，需要用马尾衬。

挺胸衬需要收胸省、开肩省，经过归拔后与胸绒、盖肩衬纳缝固定；做好的胸衬置于前衣片反面，胸绒朝上。胸衬与衣片的位置关系如图 3-15 所示。

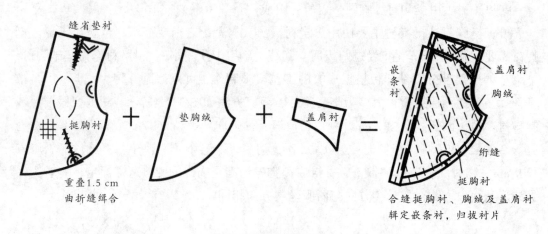

图 3-15　组合胸衬的组成

2. 胸垫的绱缝

用熨斗将胸衬的驳口嵌条衬黏在衣片上，然后衣片正面朝上，下面垫一扁圆的物体，使胸部呈现立体状态，也使得衬与衣片紧密贴合；敷衬需要缝五条线，从肩缝下 10 cm 距驳口线 3 cm 处开始，用棉线绷缝第一道线，从胸中部绷缝第二道线，依次第三道线、第四道线、第五道线，如图 3-16 所示。绷缝时，注意将衣片向驳口线与串口线交点方向拉出一些，使肩部平挺。

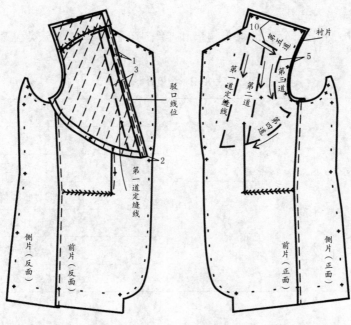

图 3-16 胸衬的绱缝

3. 胸垫的质量指标

胸垫的外观质量要求为：厚薄均匀、表面平整、无折痕、不游移、无杂质、手感柔软、富有弹性、颜色均匀、耐洗性能好。

内在质量指标见表 3-1。

表 3-1 胸垫内在质量指标

项　　目		要　　求	
		一等品	合格品
面密度偏差率（%）		±6	±7
幅宽偏差率（%）		±1	±1
断裂强力 N/（5 mm×10 mm）	纵向	≥50	≥45
	横向	≥60	≥55
水洗尺寸变化（%）	纵向	≥-2.0	≥-2.5
	横向	≥-1.5	≥-2.0
干热尺寸变化（%）	纵向	≥-2.0	≥-2.5
	横向	≥-1.5	≥-2.0

4.胸垫的分类

胸垫按照加工工艺可分为机织布胸垫和非织造布胸垫，具体分类见表3-2。

表 3-2　胸垫分类

		毛麻胸垫
	机织布胸垫	棉布胸垫
		黑炭衬胸垫
胸垫		涤纶针刺胸垫
	非织造布胸垫	涤纶黏胶针刺胸垫
		涤纶锦纶针刺胸垫
		毛涤针刺胸垫

二、袖山垫

袖山垫主要指用于服装的肩头、袖窿处，对服装起到支撑和塑型作用的服装辅料。袖山垫又被称作袖棉条、袖窿条、袖顶棉等，在西服、大衣类外套服装中经常使用。

（一）袖山垫的种类

最初的袖山垫由服装面料或其他呢料斜裁成条状，在服装中使用。后来引进国外先进工艺，出现了不同种类的产品。袖山垫使用的材料以非织造布为主，黑炭衬、麻衬等为辅助材料。裁剪袖山垫时，必须特别注意丝缕方向，黑炭衬和棉布必须斜裁，以增加弹性和功能性。

根据主材料的不同，袖山垫可以分为网纹棉、复合棉、非织造布等种类，如图3-17所示。网纹棉是将非织造布外附着一层纱网而制成的袖山垫；复合棉则是将无纺布与

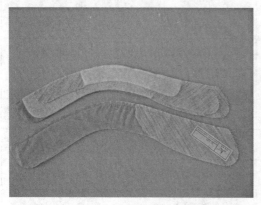

图 3-17　袖山垫

海绵针刺复合而成的。

　　根据制作形式的不同，袖山垫有单片形式、复合形式、组合形式等不同的类别，如图 3-18 所示。

图 3-18　袖山垫的形状

（二）袖山垫在服装肩部的缝制

　　袖山垫是与肩垫、胸垫配合在一起使用的。它与服装结合时要考虑整体款式的要求及制作工艺等，具体在服装中的缝制如图 3-19 所示。

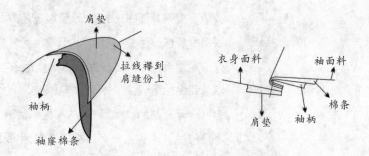

图 3-19　袖棉条的绗缝及各缝份层次关系

三、领底呢

　　领底呢又称领垫或领绒布。领底呢可作为西服、大衣类服装领部的领里，代替面料和里布，能使领子服帖、弹性好、平展，而且手感柔软、不易变形。领底呢可单独使用，也可以加领底衬组合使用。

　　领底呢的种类主要有：

　　（1）按材料组成分类：毛 / 涤、毛 / 腈、涤 / 腈以及涤黏等多种材料。

　　（2）按工艺分类：机织起绒类、针织起绒类和非织造浸胶类。

第四章

服装里料

　　服装里料是指服装最里层用于覆盖服装里面的材料,在服装中有十分重要的作用。里料可以覆盖服装缝头和不需要暴露在外的部分,使服装显得光滑而丰满;可以使服装保形而提高档次,从而增加服装的附加值;可以减少摩擦,便于穿脱,使服装保持挺括的自然形态;还可以起到保护面料、增加保暖性等作用。

　　服装里料的种类繁多,从不同角度看,分类也不同。常见的服装里料主要有涤纶塔夫绸、尼龙绸、绒布、各类棉布与涤棉布等。选用里料最重要的是与服装面料整体性相匹配,提高整件服装的美观性、舒适性等。

第一节 里料概述

服装里料是指在服装最里层，部分或全部覆盖服装里面的材料。里料在服装中起着非常重要的作用，常常用于中高档服装、有填充料的服装，以及面料需要加强支撑的服装等。使用里料大多可以提高服装的档次和增加服装的附加值。只有选用恰当的里料，才能充分表现面料的特质，以达到表里合一的效果，才能衬托出服装款式的外观设计效果，以达到相辅相成、相映生辉的目的。

里料是服装辅料中的一大类，按加工原料可分为分天然纤维织物、化学纤维织物及混纺交织织物三大系列。

一、里料分类及特点

服装里料的分类方法较多，一般以里料所用原料、加工方式、织物组织、后处理方式等进行分类。

（一）按服装加工工艺分类

可以分为活里、死里、半里和全夹里。

1. 活里

加工后可以脱开的组合方式，加工制作较麻烦，但里料拆洗方便。对某种不宜洗的面料，采用活里的加工工艺较多。

2. 死里

面料与里料缝合在一起，不能分开的加工方式。死里加工工艺简单，制作方便，但固定缝制在服装上，不能拆洗。现在大部分服装采用这种加工工艺。

3. 半里

对经常摩擦的服装部位配里料的加工方式，一般用于比较简单的服装，比如夏季轻薄类服装。

4. 全夹里

指整件服装全部装配里料的加工方式。冬季、较高档服装大部分采用全夹里。

（二）按材料分类

可将里料分为天然纤维里料、合成纤维里料、再生纤维素纤维里料、混纺交织里料、裘皮里料等。

1. 天然纤维里料

指由自然界原有的或经人工培植的植物上、或人工饲养的动物上直接取得的纺织纤维加工而成的里料。天然纤维里料包括天然植物纤维里料和天然蛋白质纤维里料，常用的有棉布里料和真丝里料。

棉布里料是天然植物纤维里料中比较有代表性的一种，以棉纤维为原料。棉布里料的透气与吸湿性好，不易产生静电，保暖性好，穿着舒适，后处理时可降解，不污染环境；缺点是穿着不滑爽，摩擦后纤维易掉落而黏附内衣。此类多用于童装、夹克衫等休闲类服装。

真丝里料是天然蛋白质纤维里料。真丝里料吸湿、透气、滑爽，质轻而美观，最接近人的皮肤感，穿着舒适；后处理时可分解，不污染环境。缺点是尺寸稳定性差，色牢度不够，且加工缝制比较困难，多用于裘皮类、纯毛及真丝等高等服装。

2. 合成纤维里料

指用是用合成高分子化合物做原料而制得的化学纤维加工而成的里料。合成纤维里料最大的特点是强度大、弹性好，主要有涤纶里料和锦纶里料。

合成纤维里料由于价廉、撕裂强度大，适合大众类服装，是目前使用最广泛的一种里料，占里料市场90%的份额。随着人们生活水平的不断提高，对穿着舒服性、环保性提出越来越高的要求，而涤纶、锦纶里料由于其本身存在的缺点，在高档服装上已很少使用。

3. 再生纤维里料

再生纤维又叫人造丝，是将稻草、树皮等天然纤维素或大豆、牛奶等天然蛋白质，经处理后纺丝而成，常见的有黏胶纤维、醋酸纤维、铜氨纤维等。常见的再生纤维里料主要有黏胶纤维里料、铜氨纤维里料和醋酯纤维里料。

4. 混纺和交织里料

以不同纤维混纺纱线或用不同纤维纱线交织而成，包括涤棉混纺里料和醋黏混纺里料等，能同时体现出天然纤维和合成纤维的特点，是大衣、西装、夹克等服装的传统里料之一。

5. 裘皮里料

裘皮是指带毛鞣制而成的动物毛皮，常见的有狐皮、貂皮、羊皮和狼皮等。常见的裘皮里料主要有山羊皮、绵羊皮等。

（三）按织物组织分类

根据经纬纱的交织规律，可把里料分为平纹里料、斜纹里料、缎纹里料、小提花里料等，应用最多的是平纹里料。

（四）按后整理分类

根据印染和后处理方法不同，可分为本色里料、漂白里料、丝光里料、防羽里料、印花里料、色织里料等。

（五）按织物加工工艺分类

根据不同的加工工艺，里料可分为机织里料、针织里料等。

目前常使用的分类方法是按照材料分类。

二、里料质量标准及要求

（一）里料的质量标准

我国服装里料的发展研究进步很快，各种各样的里料应运而生，由于品种太多，无法制定统一标准，各生产企业按纤维织物国家标准执行，以评分为检验标准。服装企业根据自己的需要也各自制定了企业标准。

2009 年制定的里料国家标准 GB/T 22842-2009《里子绸》是第一部关于服装里料的国家标准。现对该标准的主要部分介绍如下：

1. 适用范围

本标准适用于涤纶、锦纶、醋酯、黏胶、铜氨长丝纯织和以上长丝交织而成的各类服装里料的品质。

2. 里料质量标准

（1）技术要求：里料的技术要求包括密度偏差率、质量偏差率、幅宽偏差率、外观疵点等外观质量。

里料的评等以匹为单位。质量、纤维含量偏差率、撕破强力、纰裂程度、尺寸变化率、色牢度等按匹评等。色差、密度、幅宽、外观疵点等按匹评等。

（2）品质要求：里料的品质由内在质量、外观质量中的最低等级项目评定。其等级分为优等品、一等品、二等品，低于二等品的为等外品。

（3）安全性能：里料的基本安全性能应符合生态纺织品检测新标准 GB 18401-2010《国家纺织产品基本安全技术规范》。

（4）各类里料分等规定：① 涤纶、锦纶、醋酯纤维纯织里料的分等规定见表 4-1。

表 4-1　涤纶、锦纶、醋酯纤维纯织里料的分等规定

项　　目	涤纶、锦纶纤维			醋酯纤维		
	优等品	一等品	二等品	优等品	一等品	二等品
密度偏差率（%）	±3	±4	±5	±3	±4	±5
质量偏差率（%）	±3	±4	±5	±3	±4	±5
断裂强力（N）　≥		200			150	

（续表）

项　目			涤纶、锦纶纤维			醋酯纤维		
			优等品	一等品	二等品	优等品	一等品	二等品
撕破强力（N）　≥			9.0			6.0		
纰裂程度（定负荷80 N）（mm）			5.0			5.0	6.0	
尺寸变化率（%）	水　洗	经向	±1.5		±2.0	±3.0		±4.0
		纬向	±1.5		±2.0	±2.0	±2.5	±3.0
	干　洗	经向	±1.5		±2.0	±2.0	±3.0	±4.0
		纬向	±1.5		±2.0	±2.0	±3.0	±4.0
	汽　蒸	经向	±2.5		±3.0	±2.0	±2.5	±3.0
		纬向	±2.5		±3.0	±2.0	±2.5	±3.0
色牢度（级）	耐皂洗耐干洗耐汗渍	变色≥	4	3~4	3	3~4		3
		沾色≥	4	3~4	3	3~4	3	
	干摩擦	沾色（浅色）≥	4	3~4	3	4	3~4	3
		沾色（深色）≥	4	3~4	3	3~4		3
	湿摩擦	沾色（浅色）≥	4	3~4	3	3~4		
		沾色（深色）≥	4	3~4	3	3		

② 黏胶、铜氨纤维纯织里绸的分等规定见表4-2。

表4-2　黏胶、铜氨纤维纯织里绸的分等规定

项　目			黏胶纤维			铜氨纤维		
			优等品	一等品	二等品	优等品	一等品	二等品
密度偏差率（%）			±3	±4	±5	±3	±4	±5
质量偏差率（%）			±3	±4	±5	±3	±4	±5
强力（N）　≥			180					
撕破强力（N）　≥			7.0			9.0		
纰裂程度（定负荷80 N）（mm）			5.0	6.0		4.5	5.0	
尺寸变化率（%）	水　洗	经向	±3.0	±4.0	±5.0	—	—	—
		纬向	±3.0	±4.0	±5.0	—	—	—
	水　浸	经向	—	—	—	±3.5	±4.0	±4.5
		纬向	—	—	—	±3.0	±3.5	±4.0
	干　洗	经向	±2.0	±2.5	±3.0	±2.0	±3.0	±3.5
		纬向	±2.0	±2.5	±3.0	±2.0	±3.0	±3.5
	汽　蒸	经向	±2.0	±2.5	±3.0	±2.0	±2.5	±3.0
		纬向	±2.0	±2.5	±3.0	±2.0	±2.5	±3.0

（续表）

项 目		黏胶纤维			铜氨纤维		
		优等品	一等品	二等品	优等品	一等品	二等品
色牢度（级）	耐皂洗 耐干洗 耐汗渍 变色≥	4	3~4	3	4	3~4	
	耐皂洗 耐干洗 耐汗渍 沾色≥	4	3~4	3	4	3~4	
	干摩擦 沾色（浅色）≥	4	3~4	3	4~5	4	
	干摩擦 沾色（深色）≥	3~4		3	4	3~4	
	湿摩擦 沾色（浅色）≥	4		4	4	3~4	
	湿摩擦 沾色（深色）≥	3			3		

注：铜氨里料面密度≤ 50 g/mm² 时，定负荷 50 N。

③ 涤纶 / 黏胶、涤纶 / 铜氨、黏胶 / 醋酯纤维交织里绸的分等规定见表 4-3。

表 4-3 涤纶 / 黏胶、涤纶 / 铜氨、黏胶 / 醋酯纤维交织里绸的分等规定

项 目		黏胶纤维			铜氨纤维		
		优等品	一等品	二等品	优等品	一等品	二等品
密度偏差率（%）		±3	±4	±5	±3	±4	±5
质量偏差率（%）		±3	±4	±5	±3	±4	±5
强力（N）≥		180			150		
撕破强力（N）≥		8.0			7.0		
纰裂程度（定负荷80 N）（mm）		5.0	6.0		5.0	6.0	
尺寸变化率（%）	水洗 经向	±1.5	±1.5	±2.0	±3.0	±4.0	±5.0
	水洗 纬向	±3.0	±4.0	±5.0	±3.0	±4.0	±5.0
	干洗 经向	±1.5	±1.5	±2.0	±2.0	±3.0	±4.0
	干洗 纬向	±2.0	±3.0	±4.0	±2.0	±3.0	±3.5
	汽蒸 经向	±2.5	±2.5	±2.5	±2.0	±2.5	±3.0
	汽蒸 纬向	±2.0	±2.5	±3.0	±2.0	±2.5	±3.0
色牢度（级）	耐皂洗 耐干洗 耐汗渍 变色≥	4	3~4	3	3~4	3~4	3
	耐皂洗 耐干洗 耐汗渍 沾色≥	4	3~4	3	3~4	3	3
	干摩擦 沾色（浅色）≥	4	3~4	3	4	3~4	3
	干摩擦 沾色（深色）≥	3~4		3	3~4	3~4	3
	湿摩擦 沾色（浅色）≥	4	3~4	4	4	3~4	3
	湿摩擦 沾色（深色）≥	3		3	3	3	3

（5）里料外观质量的评定：① 里料的外观质量分等规定见表 4-4。

表 4-4　里料的外观质量分等规定

项　目	优等品	一等品	二等品
色差（与标样对比）、同级色差（级）≥	4	3~4	4
幅宽偏差率（%）	±1.5	±2.0	±2.5
纬斜及弓纬（%）≤	2.5	3.0	3.5
外观疵点评定限度（个/100 m）≤	14	21	28

② 外观评定说明。

a. 里料外观疵点归类见表 4-5。

b. 里料外观疵点采用有限度的累计疵点数评定。

c. 在标准面积内如有多个疵点，按一个疵点计算；在连续发生情况下以 50 cm 为基准加算。

d. 同一批中，匹与匹之间色差（色牢不匀）不低于 GB/T 250-2008《纺织品色牢度试验评定变色用灰色样卡》中 3~4 级。

表 4-5　里料外观疵点归类表

序号	疵点名称	说　明
1	经向疵点	宽急经柳、粗细柳、筘柳、色柳、筘路、多少捻、缺经、断通丝、错经、碎糙、夹糙、夹断头、断小柱、叉经、分经路、小轴松、水渍急经、宽急经、错通丝、综穿错、筘穿错、单片头、双经、粗细经、夹起、懒针、煞星、渍经、灰伤、皱印等
2	纬向疵点	破纸板、综框梁子多少起、抛纸板、错纹板、错花、跳梭、煞星、柱渍、轧梭痕、筘锈渍、带纬、断纬、叠纬、坍纬、糙纬、灰伤、皱印、杂物织入、渍纬等
	纬档	松紧档、撬档、撬小档、顺纹档、多少捻档、粗细纬档、缩纬档、急纬档、断花档、通绞档、毛纬档、拆毛档、停车档、渍纬档、错纬档、糙纬档、色纬档、拆烊档
3	印花疵	搭脱、渗进、漏浆、塞煞、色点、眼圈、套歪、露白、砂眼、双茎、拖版、搭色、反丝、叠版印、框子印、刮刀印、色皱印、回浆印、刷浆印、化开、糊开、花痕、野花、粗细茎、跳版深浅、接版深浅、雕色不清、涂料脱落、涂料颜色不清等
4	污渍、油渍	色渍、锈渍、油污渍、洗渍、皂渍、霉渍、蜡渍、白雾、字渍、水渍等
	破损性疵点	蛛网、披裂、拔伤、空隙、破洞等
5	边疵、松板印、撬小	宽急边、木耳边、粗细边、卷边、边糙、吐边、边修剪不净、针板眼、边少起、破边、吐铗、脱铗等

注：外观疵点归类表中没有归入的疵点按类似疵点评定。

（6）开剪拼匹的规定：① 里料允许开剪拼匹或标疵放尺，两者只能采用一种。② 开剪拼匹最多两段，其中最短的一段长度应超过 20 m，其等级、幅宽、色泽、花型应一致。③ 标疵放尺每 10 m 及以内允许标疵一次，应在标疵位置的布边上做明显记号。每处标疵放尺 50 cm，标疵后疵点不再记数。局部性疵点的标疵间距或标疵疵点与匹端的距离不得小于 5 m。

（二）里料的性能要求

为使里料与面料结合产生良好的服装效果，里料必须具备一定的性能，主要有以下方面：

（1）悬垂性：里料应柔软、悬垂性好，假如里料过硬，则与面料不贴切。

（2）抗静电性：里料应具有较好的抗静电性，否则穿着时会贴身、缠体而引起不适，且会使服装走形，在某些特定环境还有可能引起火灾，或对环境产生干扰。

（3）洗涤和熨烫收缩：里料的洗涤和熨烫缩率应小，较大的缩率会给服装的加工及使用带来麻烦。

（4）防脱散性：有些织物会在裁边处产生脱散，或在缝合处产生脱线（或称"拔丝"），给加工和使用带来问题，所以应选用不易脱散、脱线的织物做里料。

（5）光滑程度：要使服装穿脱方便，则里料需要光滑、有较小摩擦，但过于光滑的里料，服装加工中会有困难，因而光滑程度应适当。

（6）耐磨性：服装穿着时某些部位经常受到平面磨损或曲面磨损，要求里料具备较好的耐磨性。

不同服装对里料性能的要求不同，即使同类服装，冬装要求保温好，夏装则更多地要求透气、吸湿。

三、里料作用及选择

（一）里料的作用

1. 使服装美观

增加里料可以使服装整体更加美观，可以遮盖不需外露的缝头、毛边、衬布等，并获得好的保形性。对于薄透面料的服装来说，里料可以作为填充布，而不致使人体直接裸露在外，起遮掩作用，夏装用得比较多。对于易拉长的面料来说，里料可以限制服装面层的伸长，并减少服装的褶裥和起皱。此外，带光滑里料的服装，不会因人体活动摩擦而产生扭动，可保持服装美观的外型。

2. 保护面料和穿脱方便

有里料的服装可以防止汗渍渗入面料，减少人体或内衣与面料的直接接触，尤其是呢绒和毛皮服装,能防止面料(反面)因摩擦而起毛,延长面料使用寿命。另外,光滑的里料使服装穿脱方便,同时也可以避免汗渍渗到面料上,防止面料被汗渍腐蚀。

3. 塑型和保暖

里料可以使服装具有挺括感和整体感,特别是面料较轻薄柔软的服装,可以通过里料来达到坚实、平整的效果。对于有较大镂空花纹的面料,配一定色彩的里料,能使面料更美观,同时带里料的服装(如春、秋、冬季服装)可增加厚度,能对人体起到一定的保暖和防风作用。

(二)里料的选择

在选配服装里料时,应充分考虑到面料的性能、色彩、价格、使用、裁剪加工等因素,使服装里料与面料相配伍。选择时主要考虑以下几个方面:

1. 里料与面料性能配伍

服装的里料与面料会面临同样的穿着使用、洗涤维护等条件,所以里料的缩水率、耐洗涤性、强力、耐热性能等应与面料相似。

2. 里料与面料色彩配伍

里料与面料的色彩配伍应保证服装里料与面料的色彩协调美观。一般服装的里料与面料色调相同或相近,且里料颜色不深于面料,以防面料沾色。有时里料与面料互为对比色会产生特别效果。

3. 里料的实用性和方便性

里料的质量对服装的影响不容忽视。里料应光滑、耐用,使服装穿脱方便,能保护面料,并根据季节的需要具备吸湿、保暖、防风等性能。里料的色牢度也要好,避免出汗或遇水导致落色而沾染面料或内衣。

4. 里料和面料的裁剪加工方法配伍

里料与面料相对应的裁片应均沿经向、纬向或斜向裁剪,使用方向要统一,这样在穿着中受力、延伸、悬垂等性能差异不大,使服装保持良好的外型并穿着舒适。

5. 里料与面料价格相称

从经济与实用等多角度综合考虑,里料与面料在价格方面也应相称,即高档面料用高档里料、低档面料用廉价里料。

第二节 天然纤维里料

天然纤维是从自然界原有的或经人工培植的植物上、或人工饲养的动物上直接取得的纺织纤维，主要有棉、毛、丝、麻和矿物纤维，是纺织工业的重要材料来源。常用天然纤维里料有棉布里料、真丝里料。

一、棉布里料

棉布里料既有机织物也有针织物，多经磨毛整理。该里料吸湿、透气性好，对皮肤无刺激性，穿着舒适，不脱散，花色较多，且价格较低，不足之处是不够光滑，穿脱不够方便。

棉布里料的主要品种有细平布、中平布、条格布、绒布等，多用于棉织物面料的休闲装、夹克衫、童装等服装。

（一）细平布

细平布又称细布，如图 4-1 所示，是采用 19 tex 以下的细特棉纱织成的平纹织物，经纬纱的线密度和织物中经纬纱的密度相同或相近。其特点是布身细洁柔软，质地轻薄紧密，布面杂质少。

（二）中平布

也称市布或白市布，采用 22～30 tex 的中特棉纱织成的织物，其特点是结构较紧密，布面平整丰满，质地坚牢，手感较硬。常用作中低档夹克衫等服装里料。

（三）条格布

条格布属色织物，经纬纱用两种或两种以上的颜色间隔排列，花型多为条子或格子。条格布里料组织大多采用平纹，也有用斜纹、小花纹、蜂巢、纱罗组织。条格布布面平整，质地轻薄，条格清晰，配色协调，花色明朗。根据颜色深浅不同分为深条格布和浅条格，如图 4-2 所示。

（四）绒布

绒布指经过拉绒后表面呈现丰润绒毛状的棉织物，

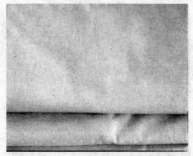

图 4-1 纯棉平布

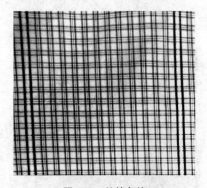

图 4-2 纯棉条格

图 4-3　纯棉单面绒

分单面绒和双面绒两种。单面绒组织以斜纹为主，也称哔叽绒；双面绒以平纹为主。绒布布身柔软，穿着贴体舒适，保暖性好，如图 4-3 所示。常用作里料的绒布有本色绒、漂白绒、什色绒、芝麻绒等，一般用作冬令服装、手套、鞋帽的里料。

二、真丝里料

真丝里料主要是机织熟丝织物，属高档品种。该里料柔软、光滑，色泽艳丽，吸湿、透气性好，对皮肤无刺激性，不易产生静电，凉爽感好，但不坚牢，缩水较大，价格较高。

真丝里料的主要品种有电力纺、洋纺、塔夫绸、真丝斜纹绸、绢丝纺、软缎等，常用于裘皮服装、皮革服装、纯毛服装、真丝服装等。

（一）电力纺

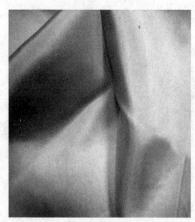
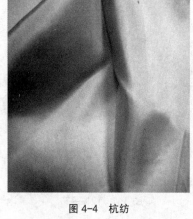

图 4-4　杭纺

电力纺是桑蚕丝生织纺类丝织物，以平纹组织织制，因采用厂丝和电动丝织机取代土丝和木机织制而得名。

电力纺品种较多，按面密度不同，有重磅（70 g/m^2 以上）、中磅（20～70 g/m^2）、轻磅（20 g/m^2 以下）之分。按染整加工工艺不同，有练白、增白、染色、印花之分。电力纺产品常按地名命名，如杭纺（产于杭州）、绍纺（产于绍兴）、湖纺（产于湖州）等，如图 4-4 所示。

电力纺质地紧密细洁，手感柔挺，光泽柔和，穿着滑爽舒适，一般用作中档服装的里料。

（二）洋纺

图 4-5　洋纺

洋纺是一种比较轻薄的丝织物。面密度在 20 g/m^2 以下的轻磅电力纺，其外观呈半透明状，又称为洋纺，如图 4-5 所示。洋纺质地比电力纺更轻薄、柔软，外观呈半透明状，结构与电力纺相同，习惯上单独成为一个品种。可用作衬裙、里料、西裤膝盖绸、灯罩里等。

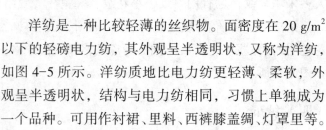

（三）真丝塔夫绸

　　塔夫绸又称塔夫绢，是一种以平纹组织织制的丝织品，如图4-6所示。真丝塔夫绸的经丝采用两根有捻有色熟丝并捻而成，纬丝采用三根有捻有色熟丝并捻而成，且经纬密均较高，经密大于纬密。塔夫绸紧密细洁，绸面平挺，光滑细致，手感硬挺，色彩鲜艳、光泽柔和明亮，不易沾灰；其缺点是易起折痕，不易熨平。主要用作裘皮服装、皮革服装的里料。

图4-6　真丝塔夫

（四）真丝斜纹绸

　　又称真丝绫或桑丝绫，是纯桑蚕丝丝织物，如图4-7所示，采用2/2斜纹组织织制。根据织物平方米质量，分为薄型和中型。真丝斜纹绸质地柔软光滑，光泽柔和，手感轻盈，花色丰富多彩，穿着凉爽舒适，广泛用作休闲西服、夹克、大衣里料。

图4-7　真丝斜纹绸

（五）绢丝纺

　　又称绢纺，是用桑蚕绢丝织制的平纹纺类丝织物。坯绸经精练成练白绸，也可染成杂色或印花。当用精练染色绢丝色织时，便可织得彩格绢丝纺，又称绢格纺，如图4-8所示。绢丝纺手感柔软，有温暖感，质地坚韧，富有弹性，穿着舒适凉爽。适宜做男女衬衣、睡衣裤里料。

图4-8　绢丝纺

（六）软缎

　　软缎采用8枚缎纹组织。软缎经丝为20/22 D桑蚕丝，可根据需要单根做经，也可用两根丝线并合；纬丝用120 D有光黏胶人造丝。软缎采用缎纹组织，且经纬丝线均无捻或弱捻，如图4-9所示。软缎平滑光亮、手感柔软滑润、色泽鲜艳、明亮细致，是常用的高级服装里料。

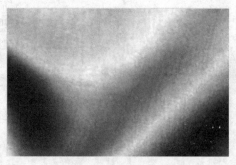

图4-9　软缎

第三节　合成纤维里料

合成纤维里料由于价廉，撕裂强度大，适合大众类服装，是目前使用最广泛的一种里料，占里料市场90%的份额。但随着人们生活水平的不断提高，对穿着舒服性、环保性提出愈来愈高的要求，而涤纶、锦纶里料由于其本身存在的缺点，在高档服装上已很少使用。合成纤维里料最大的特点是强度大、弹性好，主要有涤纶里料和锦纶里料。

一、涤纶丝里料

（一）涤纶丝特性

涤纶学名聚酯纤维，其性能优越，价廉物美而被广泛用于里料，它的主要特性如下：

（1）弹性好，织物不易折皱，其挺括和尺寸稳定性好。

（2）强度高、耐磨性仅次于锦纶制成的里料，不易磨损。

（3）涤纶吸湿性差，织物易洗快干，具有洗可穿性，但透气性差，穿着闷热不舒适。

（4）耐热性好，熔点在260℃，熨烫温度可达到130℃，熨烫之后收缩率较小。

（5）涤纶丝里料抗微生物能力强，不虫蛀，不霉烂，易保管。

（6）洗涤收缩稳定性好，缩水率小于1%。

（7）织物染色困难，易产生静电，易吸灰尘，易起毛起球。

涤纶丝里料具有较高的强度与弹性恢复能力，坚牢耐用，挺括抗皱，洗后免烫，吸湿性较小，缩水率较小，整烫后尺寸稳定，不易变形，色牢度较好，具有良好的服用性。涤纶丝里料的不足之处是透气性差，易产生静电，悬垂性一般，但通过整理可得到一定的改善。

（二）常见涤纶丝里料

1. 涤塔夫

图4-10　涤塔夫

也叫涤丝纺，涤塔夫是一种全涤薄型面料，用涤纶长丝织造，外观光亮，手感光滑，如图4-10所示。涤塔夫经过染色、印花、轧花、涂层等后处理，具有质地轻薄、耐穿易洗、价廉物美等优点，一直用作各类服装里料及箱包的衬里辅料。其手感滑爽，不黏手，富有弹性，光泽明亮刺眼，颜色鲜艳夺目，不易起皱，缩水率小于5%。

2. 轻盈纺

轻盈纺用涤纶FDY有光丝织成。织物组织一

般为平纹，有半轻和全轻两种：半轻是经丝采用
50 D 的有光丝，纬丝采用 50 D 的长丝；全轻是
经纬丝都采用 50 D 有光丝——三角异形丝。两
种都是平纹组织，轻盈纺布面质量精细稳定，颜
色亮丽，手感好，如图 4-11 所示。可以经复合、
压延、涂层，以及各种轧花、印花等深加工制成
成品，成品柔软、亮丽，一般用作女式服装的里料。

图 4-11　轻盈纺

3. 5 枚缎

也叫色丁，通常有一面很光滑，亮度好。一
般采用 5 枚 3 飞缎纹组织，所以叫 5 枚缎，如
图 4-12 所示。规格通常有 75 D × 100 D，75 D ×
150 D 等。主要用作各类女装、睡衣或内衣的里料。
该产品流行性广，光泽度、悬垂感好，手感柔软，
有仿真丝效果。

4. 半弹春亚纺

布料经线采用涤纶 FDY60 D/24F，纬线采用
涤纶拉伸变形丝 DTY100 D/36F，经纬密度为（386
×280）根 /10 cm，选用平纹组织变形交织而成。
坯布经过软化、减量、染色、定型等工艺加工，
布面以涤纶丝光泽表现其风格特色，具有手感柔
软滑爽、不易破裂、不易褪色、光泽亮丽等优点，
如图 4-13 所示。经机械高温整烫轧光轧花工艺
等深加工，使里料色泽亮丽、手感柔和、透气性好。
其中轧花里料与提花里料常用作西服、套装、夹
克衫、童装、职业装等衬里。

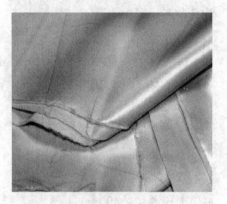

图 4-12　亚光色丁

图 4-13　半弹春亚纺

5. 舒美绸

此种面料以涤纶全拉伸丝和拉伸变形丝为原
料，采用斜纹组织。坯绸经整理后，手感柔软、
光泽亮丽、无静电，产品适于制作中高档西服、
风衣、皮装等，如图 4-14 所示。正面以人造丝
来表现其风格特色，具有手感柔软滑爽、不易褪
色起皱、光泽亮丽、牢度强等优点，不但适宜用
作休闲服和唐装的里料，而且也是时尚箱包的里
衬布。

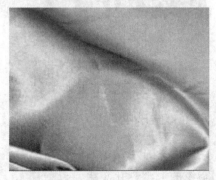

图 4-14　舒美绸

二、锦纶丝里料

（一）锦纶的性能

锦纶学名聚酰胺纤维，又称尼龙，其主要特性如下：

（1）耐磨性好，居所有纤维之首。它的耐磨性是棉纤维的10倍，干态黏胶纤维的10倍，湿态黏胶纤维的140倍。

（2）织造手感好，伸长率大，弹性回复性好，并且有一定的抗皱能力，抗皱性能次于涤纶，但保形性不好，没有涤纶挺括，易变形。

（3）通风透气性差，易产生静电。锦纶较涤纶、腈纶的吸湿性好。

（4）有良好的耐蛀、耐腐蚀性能。染色性和舒适性比涤纶和腈纶要好。

（5）耐热、耐光性都不够好，熨烫温度约为100℃。

（二）常用锦纶丝里料

1.尼丝纺

又称尼龙纺，为锦纶长丝织制的纺类丝织物。根据面密度，可分为中厚型（80 g/m²）和薄型（40 g/m²）两种。尼龙纺坯绸的后加工有多种方式，有的可精练、染色或印花；有的可轧光或轧纹；有的可涂层。经增白、染色、印花、轧光、轧纹的尼龙纺，织物平整细密，绸面光滑，手感柔软，轻薄而坚牢耐磨，色泽鲜艳，易洗快干，可以作为中低档服装里料，如图4-15所示。涂层尼龙纺不透风、不透水，且具有防羽绒性，可用作滑雪衫、羽绒服、登山服的面料和里料。

图4-15 尼丝纺

2.尼龙塔夫绸

跟涤塔夫一样，属纺丝类塔夫绸，其织物为平纹组织，仿真丝塔夫绸织制，用作各类中低档服装的里料。

三、其他合成纤维里料

（一）腈纶里料

腈纶的外观呈白色，卷曲、蓬松，手感柔软，酷似羊毛，故被称为"合成羊毛"。腈纶的润湿性比羊毛、丝纤维好。腈纶面料的耐光性能好，是户外运动的理想面料。

又因腈纶较轻，保暖性好，价格低，所以又是理想冬季服装填料。腈纶里料的染色性较好，但腈纶的吸湿性较差，穿着舒适性较差。

（二）氨纶里料

氨纶具有高伸长、高弹性的特点，伸长率可达 480%～700%，弹性回复率高，穿着舒适，没有压迫感，并有较好的耐酸、耐碱、耐磨性、耐海水性、耐干洗性。但氨纶强力最低，吸湿性差。氨纶主要用于织制有弹性的布料，一般将氨纶丝与其他纤维纱线制成包芯或加捻纱后使用。

（三）维纶里料

维纶洁白如雪，柔软似棉，因而常用作天然棉花的代用品，人称"合成棉花"。维纶的吸湿性能是合成纤维中最好的。维纶的耐磨性、耐光性、耐腐蚀性都较好，强度高，不怕霉蛀。但织物耐热性差，易收缩，尺寸保持性不好，穿着易起皱。

（四）氯纶里料

氯纶的学名为聚氯乙烯纤维。国外有"天美龙""罗维尔"之称。氯纶的优点较多，耐化学腐蚀性强，因导热性能比羊毛差，保暖性强，电绝缘性较高，难燃。另外，它还有一个突出的优点，即用它织成的内衣裤可治疗风湿性关节炎或其他伤痛，且对皮肤无刺激性或损伤。氯纶的缺点也比较突出，即耐热性极差。

第四节　再生纤维里料

一、黏胶丝里料

黏胶丝通常叫作人造丝，以棉短绒、木材为原料而制成，是再生纤维中最主要的品种，也是世界上用量最大的人造纤维。用于里料生产的主要是有光长丝。

（一）黏胶纤维里料的性能

（1）手感柔软，穿着舒适，具有棉织品的手感、丝织品的滑爽。

（2）吸湿性好，透气性好，是化学纤维中穿着最不闷热的一种里料。

（3）染色性能好，比棉、麻等天然纤维更容易染色，但容易引起染色不匀。

（4）弹性及牢度较差，聚合度低，耐磨性比棉低得多，穿着时易起皱，不挺括，尺寸稳定性较差。

由于黏胶丝里料的牢度较差，特别是在湿态下，其强力下降 50% 左右，并且下水后手感变硬，但干燥后即回复原状，所以在洗涤时不宜用力搓洗，以免损坏里料。黏胶丝的缩率较大，为8%~9%，在裁剪前应先经缩水处理。

黏胶丝里料具有优良的吸湿性，经过后处理，其易皱的弱点能够得到改善。黏胶丝对昆虫的抵抗力强，但对微生物的抵抗能力很弱，在保管时要尤其注意，以防纤维变质。熨烫温度应控制在120~150℃。

（二）常见黏胶丝里料

1. 美丽绸

又称美丽绫，属纯黏胶丝绫类丝织物，用3/1斜纹或山形斜纹组织制织，绸面光亮平滑，斜纹纹路清晰，反面暗淡无光，如图4-16所示。该里料舒适坚牢、耐磨，穿脱方便、厚度适中、颜色丰富、易于热定型、成衣效果较好，但其湿强力较低、缩水率较大、容易折皱、不耐水洗。一般以浅灰、咖啡、酱红、黑色为主，是西服、毛皮大衣、呢绒大衣和羽绒服等服装的理想里料。

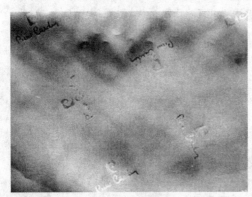

图4-16 美丽绸

2. 富春纺

富春纺是黏胶丝（人造丝）与棉型黏胶短纤纱交织的纺类丝织物，一般经密大于纬密，如图4-17所示。织物经染色或印花，绸面光洁，手感柔软滑爽，色泽鲜艳，光泽柔和，吸湿性好，穿着舒适不贴身，但耐磨性差，易起毛起球，且湿强力低，可作为丝绒服装里料，也可作为皮箱里料。

3. 有光纺

有光纺也属于黏纤丝绸类产品。经纬均采用133.3 dtex的有光黏纤丝，平纹组织，组织与电力纺相似。其绸面平挺、洁白，手感柔软、爽滑而不沾体肤。

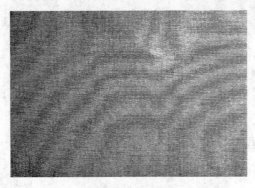

图4-17 富春纺

二、其他再生纤维里料

（一）醋酯丝里料

醋酯纤维作为一种环保型纤维素衍生物纤维。醋酯纤维生产基本无污染，纤维可降解，对环境保护十分有益，其主要特点为：悬垂性好，面密度小，仅为1.32 g/cm³，与真丝接近；静电少，保暖性好，缩水率小，尺寸稳定性较好，但遇热会收缩；穿着时有爽滑感；抗污染强，不易污染，且脏污易去除；光泽优雅，色彩鲜艳；撕裂强度差，耐磨性也差。

醋酯丝里料表面光滑柔软，具备高度贴附性能和舒适的触摸感觉，如图4-18所示。以其良好的舒适性与多样化的品种成为中高档服装常用的里料。其手感、光泽、质地与丝质里料相似，有薄、中、厚及平纹、斜纹、缎纹、提花等多种规格，长期以来一直被用作中高档女装里料。

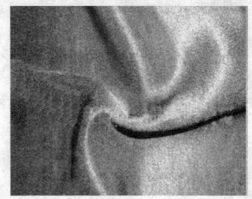

图4-18　醋酯丝里料

（二）铜氨丝里料

又称宾霸里料，是以棉籽绒为原料，经过铜氨溶液溶解抽丝而制成，如图4-19所示。它有以下几个特征：（1）有生物降解性——在有机土壤中易分解；（2）吸湿性好，一年四季都能保持衣服内舒适的湿度和温度，具有冬暖夏凉的功效，抗静电性也好；（3）铜氨丝织物洗涤后不易残留洗涤剂，对肌肤的摩擦刺激少，可以很好地呵护肌肤；（4）铜氨丝纤维具有优异的染色性和显色性，可以染成各种鲜艳的颜色。铜氨丝里料可用作高档服装里料。

图4-19　铜氨丝里料

第五节　混纺和交织里料

混纺织物就是用两种或两种以上不同成分的纤维纺成的混纺纱织成的织物，而交织物是指经纬向用不同成分的纱或长丝织成的织物。

一、混纺里料

目前应用最广的混纺里料是涤棉混纺里料。它采用涤纶与棉混纺，既突出了涤纶的风格，又有棉织物的长处，在干、湿情况下弹性和耐磨性都较好，尺寸稳定，缩水率小，具有挺拔、不易皱折、易洗、快干的特点。

涤棉混纺里料的缺点是其中的涤纶纤维属于疏水性纤维，对油污的亲和力很强，容易吸附油污，而且穿着过程中易产生静电而吸附灰尘，难以洗涤，且不能用高温熨烫和沸水浸泡。

涤棉混纺织物是我国在20世纪60年代初期开发的一个品种，具有挺括、滑爽、快干、耐穿等特点，深受广大消费者的喜爱。当前，混纺品种已由原先的65%涤纶与35%棉的比例发展成为55∶45、50∶50、20∶80等不同比例的混纺织物，常用的织物组织为平纹、斜纹等，其目的是为了适应不同层次消费者的需求。常用作夹克衫里布、腰里布、鞋里布、胸罩里布和箱包里布等。

二、交织里料

交织里料是指利用不同成分的纱分别做经纱和纬纱而织成的织物。

交织里料的基本服用性能是由组成织物的原料、织物组织与染整加工所决定的，其中原料是基础。不同的使用目的，对原料有不同的性能要求。常见的交织物里料主要有：

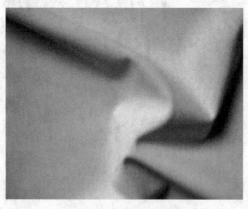

图 4-20　华春纺

1. 华春纺

用涤纶长丝与涤黏混纺纱交织的纺绸，如图4-20所示。织物平挺坚牢，有良好弹性和抗皱性，透气性和吸湿性较好。华春纺一般选用两根30 D涤纶长丝做经纱，先对一根涤丝加捻，S向8捻/cm，然后和另一根合并，再加Z向6捻/cm而成；也可直接用一根68 D涤丝加捻后做经纱，用44公支涤黏（65/35）混纺纱做纬纱。有时还利用涤纶和黏胶吸色性不同的特点把织物染成双色，使表面有星星点点的芝麻的效果，十分美观别致。常用作高档女装里料。

2. 羽纱

羽纱是用有光黏胶丝做经，棉纱做纬，以斜纹组织织制的丝织物，又称棉纬绫，纬向用棉股线的称棉线绫，如图4-21所示。羽纱织后经练染，织物纹路清晰，手感柔软，富有光泽，但缩水率大。主要用作中、低档服装里料。

图 4-21　羽纱

第六节 其他里料

一、裘皮里料

裘皮就是带毛鞣制而成的动物毛皮。常见的有狐皮、貂皮、羊皮和狼皮等,如图4-22所示。常用作冬季大衣、手套、皮靴等里料。

二、网布

即具有网孔的织物,有机织网布、针织网布。网布的透气性好,经漂染加工后,布身挺爽（图4-23）。 机织网布的织制方法一般有三种：一种是用两组经纱相互扭绞后形成梭口,与纬纱交织形成纱罗组织；另一种是利用提花组织或变化穿筘方法,经纱以三根为一组,穿入一个筘齿,织出布面有小孔的织物,也称假纱罗；还有一种是采用平纹组织或方平组织,利用筘齿密度和纬密形成网孔（筛网）。 针织网布可分两种,即纬编针织网布和经编针织网布,其中经编网布一般是用西德高速经编机织造,原料一般为锦纶、涤纶、氨纶等。针织网布的成品很多,叫法不一。网布常用作运动衣里料。

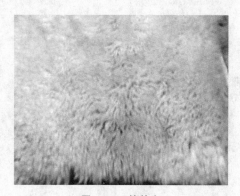

图4-22 绵羊皮

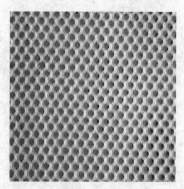

图4-23 针织网布

三、长毛绒

长毛绒又称海虎绒,是一种经起绒织物。机织长毛绒由三组纱线交织而成（图4-24）。地经、地纬均用棉纱,起毛经纱用精纺毛纱或化纤纱。地经、地纬两组棉纱以平纹交织形成上、下两幅底布,起毛纱连接于上下两幅底布之间,织制成双层绒坯；双层绒坯经剖绒机刀片割开,就成为两幅长毛绒坯布；再经长毛绒

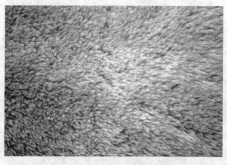

图4-24 长毛绒

梳毛机将毛丛纱线梳解成蓬松的单纤维，经剪毛机将毛丛纤维表面剪平，即成素色长毛绒。长毛绒的绒毛高度一般为 5～20 mm，面密度为 350～850 g/m²。长毛绒织物具有长长的绒毛，绒面丰满平整，富于膘光，保暖性好，外观酷似裘皮，主要用作大衣、棉袄、棉裤等冬季服装里料。

四、针织里料

针织物是由纱线通过织针有规律的运动而形成线圈，线圈和线圈之间再互相串套起来而形成的织物。针织物质地松软，除了有良好的抗皱性和透气性外，还具有较大的延伸性和弹性，适宜于用作内衣、紧身衣和运动服等的里料。

第五章

服装絮料

　　服装絮料大致可以分为两大类：一类是散乱的纤维，未经过织制加工的絮状材料，如棉花、羽绒、动物绒等；另一类则是经过加工的绒状或片状材料，或是天然毛皮材料，如太空棉、泡沫塑料等。

　　服装絮料的主要作用是保暖和保形，但随着科技的发展，很多絮料可兼具特殊的功能性，如卫生保健功能、防辐射功能、吸湿功能等。选配絮料时，主要根据服装设计款式、种类、用途及功能要求的不同来选择适当的厚薄、材质、轻重、热阻、透气透湿、强力、蓬松收缩的絮料，必要时还可对絮料进行再加工以适应服装加工的需要。

第一节 服装絮料的概述

一、服装絮料的分类和作用

填充在服装面料与里料之间，主要起保暖作用的材料，统称为服装絮料。

服装絮料有两种：散纤状和絮片状。散纤絮料是未经成型加工的棉、羽绒、毛和化纤短纤等纤维材料，如图5-1所示。它没有固定形状，呈松散状态，制衣时要用包胆布封闭、绗缝。穿着和洗涤中易坠落和局部凝聚，出现薄厚不匀。絮片状絮料是纤维经过铺网、固结等成型加工制成的有一定幅宽和厚度的片状絮料，如图5-2所示。它形状稳定、厚薄均匀，制衣时可随面料裁剪，不用包胆布、不用绗缝，服装可整体洗涤。天然毛皮和人造毛皮属于片状絮料。

图5-1 散纤状絮料　　　　　　　　　　图5-2 絮片状絮料

（一）服装絮料的分类

服装絮料的分类方法较多，常用分类方法有以下两种：

1. 按絮料纤维来源分类

可以分为植物纤维、动物绒毛、天然毛皮、化纤絮料以及混合絮料等。

2. 按絮料的功能分类

分为保暖絮料和特殊功能絮料。

随着化纤工业的发展，服装絮料的种类不断增加。目前市场上流行的服装絮料主要有以棉花为主的天然絮料、以涤纶为主的纯化纤片状絮料和由多种材料复合而成的太空棉或宇航棉、远红外棉等新型絮料。

（二）服装絮料的作用

服装絮料的基本作用是保暖御寒。功能服装絮料的作用是多方面的，例如：利用特殊功能的絮料可以达到阻燃、保健、防辐射等效果；也有的是作为装饰，如绣花服装堆绣中增加花型的立体感。新型服装絮料使保暖服装轻便美观、穿着舒适、洗涤护理方便快捷。

二、服装絮料的性能及质量标准

（一）服装絮料应具备的性能

1. 保暖性能

服装絮料首先应具备的是保暖性能。保暖性能指标主要有热阻值（clo）、传热率、导热系数、保暖率等。

2. 蓬松性能

蓬松度、单位面积质量、静止空气层厚度及外界辐射等是综合评价絮料性能的质量指标。

3. 舒适性能

服装絮料应符合服装穿着舒适性的要求。

4. 特殊功能

一些特定用途的服装对服装絮料还有特殊功能的要求，例如阻燃功能、防辐射功能等。

（二）服装絮料的质量标准

絮料品种繁多，有些絮料有国家标准（GB）或纺织行业标准（FZ），有些絮料则只有企业内部标准（QB）或没有标准。常用服装絮料有如下质量标准：

（1）棉花质量标准：GB 1103-2007《棉花 细绒棉》。

（2）羽绒质量标准：FZ/T 81002-2002《水洗羽毛羽绒》。

（3）动物毛皮的质量标准：QB/T 2822-2006《毛皮服装》。

其他天然絮料没有国家和行业标准，只有企业内部控制的性能指标。

（4）人造毛皮的质量标准：FZ/T 81009-1994《人造毛皮服装》。

（5）化纤类絮片的质量标准：

① FZ/T 64002-2011《复合保温材料 金属涂层复合絮片》。

② FZ/T 64003-2011《喷胶棉絮片》。

③ FZ/T 64006-1996《复合保温材料 毛型复合絮片》。

复合型絮片是指各种天然纤维、功能纤维之间的复合，也包括保暖絮料与其他织物或薄膜的复合。复合絮片具有保暖等多功能性。由单一型向复合型发展是保暖絮料的发展方向。新型保暖絮料将具备轻、薄、暖、软、安全卫生等优异性能，服装絮料的质量标准也将不断增补、完善和配套。

三、服装絮料的选配原则

（1）在选配絮料时，主要根据服装设计款式、种类、用途及功能要求的不同来选择厚薄、材质、轻重、热阻、透气透湿、强力、蓬松收缩性能适合的絮料，必要时还可对絮料进行再加工以适应服装加工的需要。

（2）絮料要与面料、里料、衬料互相匹配，既要穿着轻暖，又要打理便捷。

（3）在众多的絮料中，天然动植物絮料因其具有环保健康的特点，所以只要其性能符合服装要求，还是消费者的首选。

（4）防护服、工作服选用功能絮料或复合型保暖絮片，如防弹衣选用芳纶1414纤维做絮料。

第二节　天然絮料

一、植物性絮料

用于服装的植物性絮料主要有棉花和木棉两种。

（一）棉花

棉花是常用的保暖絮料，价格低廉。棉纤维制品吸湿和透气性好，柔软而保暖。纤维内和纤维间都充满了静止空气，有很好的保暖性，但棉花弹性差，久穿易结块，受压或遇水后失去蓬松感，保暖性降低。

1. 棉花质量指标

细绒白棉有国家标准 GB 1103-1999《棉花细绒棉》，棉花质量主要指标有品级、长度和马克隆值。长绒棉只有新疆地方标准。

品级是指棉花品质的级别。主体品级是在含有相邻品级的一批棉花中占80%及以上的品级。同一批棉花中，除了要求主体品级棉含量达到80%以上外，还要求不含跨主体品级棉，不符合要求的应挑包整理或协商处理。跨主体品级是指主体品级及其上下相邻品级之外的其他品级，即同一批棉花中，与主体品级相差2个级的棉花。

棉花分级示例：一批棉花中，若1级占10%，2级占80%，3级占10%，该批棉花的主体品级是2级；若1级占10%，2级占75%，3级占15%，则该批棉花无主体品级（没有占到80%及以上的级别），需重新整理打包；若1级占90%，3级占10%，虽然主体品级1级的比例达90%，但有3级棉花存在，属跨主体品级1级的范围，该批棉花不符合国家标准的要求，需重新整理。

棉花长度是指棉纤维伸直后的长度。国家标准规定：以 1 mm 为级距，采用"保证长度"的原则，分为 25～31 mm 7 个级。相应的级数：25 mm，包括 25.9 mm 及以下；26 mm，包括 26.0～26.9 mm；27 mm，包括 27.0～27.9 mm；28 mm，包括 28.8～28.9 mm；29 mm，包括 29.0～29.9 mm；30 mm，包括 30.0～30.9 mm；31 mm，包括 31.0 mm 及以上；5 级棉花长度为 27 mm 时，按 27 mm 计；6、7 级棉花长度均按 25 mm 计。长度标准级是 28 mm。做服装絮棉的棉花一般要求达到 4 级，4 级以上更好。

马克隆值是反映棉花成熟程度和细度的综合指标，国家标准规定分为 A、B、C 3 个级，标准级是 B 级。各级的范围是：A 级：3.7～4.2；B 级：3.5～3.6 和 4.3～4.9；C 级：3.4 及以下和 5.0 及以上。

2. 棉花质量标识

（1）细绒棉质量标识：国家标准规定：棉花质量标识按棉花类型、主体品级、长度级、主体马克隆值级顺序标示，6、7 级棉花不标马克隆值级。类型代号：黄棉以 Y 标示，灰棉以 G 标示，白棉不做标识。品级代号：1 级至 7 级用"1"～"7"标示。长度级代号：25 mm 至 31 mm，用"25"～"31"标示。马克隆值级代号：A、B、C 级分别用 A、B、C 标示。皮辊棉、锯齿棉代号：皮辊棉在质量标示符号下方加横线"—"标示；锯齿棉不做标示。

（2）长绒棉质量标识：长绒棉质量标识按类别、主体品级、长度级、主体马克隆值级顺序标示。类别代号：长绒棉用"L"标示；品级代号：1 级至 5 级用"1"～"5"标示；长度代号：33 mm 至 39 mm 用"33"～"39"标示；马克隆值级代号：5 个级分别用 A、B1、B2、C1、C2 标示。示例：一级长绒棉，长度 39 mm，马克隆值 B1 级，质量标示为 L139B1；3 级长绒棉，长度 35 mm，马克隆值 A 级，质量标示为 L335A。

（二）木棉

木棉与棉花不同。木棉是锦葵目木棉科内几种植物的果实纤维，属单细胞纤维，其附着于木棉蒴果壳体内壁，由内壁细胞发育、生长而成，如图 5-3 所示。木棉纤维一般长 8～32mm、直径 20～45 μm，它是天然生态纤维中最细、最轻、中空度最高、最保暖的纤维。它的细度仅为棉纤维的 1/2，中空率却达到 86% 以上，是一般棉纤维的 2～3 倍。木棉纤维具有光洁、抗菌、防蛀、防霉、

图 5-3 木棉

轻柔、不易缠结、保暖、吸湿性强等特点。木棉纤维在絮料领域具有独特优势。以木棉代替羽绒，并开发出木棉／羽绒混纤絮料。这样既可缓解羽绒原料紧缺问题，又可以降低产品成本，也符合人类健康、环保、发展循环经济的需求。

二、动物性絮料

动物性絮料是动物绒毛纤维，即动物体表长出的细软的绒毛，可形成一层天然保温层，具有保暖效果，且纤维柔软，吸湿性好，对环境无污染。动物绒毛包括禽类和兽类两种。兽类绒毛主要有山羊绒、羊驼绒、牦牛绒等；禽类绒毛主要有鸭绒、鹅绒等，也称羽绒。

（一）羽毛、羽绒

羽绒纤维具有辐射状的结构，纤维间的静止空气含量非常高，是保暖性最好的天然絮料，但易吸湿，且潮湿后保暖性下降。羽绒属轻俏保暖絮料之上品，价格颇高，适用于高档服装和时装。羽绒通常是利用充绒方法加工成羽绒服，羽绒服具有质轻、柔软和保暖性好等优点。羽绒是典型的散状絮料，需要包胆布，需要绗缝，且要求包胆布、里料和面料的经纬密度都较大，以免羽绒穿透。

根据纺织行业标准 FZ/T 81002-2002《水洗羽毛羽绒》的规定，鸭绒和鹅绒统称羽绒，鸡、雁等禽类绒毛都不符合羽绒标准。其中羽毛、羽绒等术语的定义如下：

（1）羽毛：覆盖在鸭、鹅体表，质轻而韧、具有弹性和防水性的、由表皮角质化所生长成的一种结构，称为羽或羽毛。

（2）羽绒：生在雏鸭、鹅的体表或成鸭、鹅的正羽基部的、羽支柔软、羽小支细长、不成瓣状的绒毛，称为羽绒。

（3）含绒量：绒子和绒丝在羽毛、羽绒中的含量百分比。

（4）异色毛绒：白鹅、白鸭毛绒中的有色毛绒。

（5）长毛片：鸭毛长度在 7 cm 以上，鹅毛长度在 8 cm 以上的毛片。

（6）陆禽毛：尖嘴禽类的羽毛。

（7）耗氧量：在 100 ml 试样中，消耗氧的毫克数。

（8）蓬松度：羽毛、羽绒的弹性程度。

羽毛、羽绒的品种分为白鹅毛、白鸭毛、灰鹅毛、灰鸭毛、白鹅绒、白鸭绒、灰鹅绒、灰鸭绒。水洗羽毛、羽绒的规格，按含绒量分为毛片、10%、20%、30%、40%、45%、50%、60%、70%、80%、90%，共十一种。羽绒服要求含绒量不低于50%，后五种可用于羽绒服絮料。羽毛、羽绒的质量标准见表5-1。

表 5-1　羽毛、羽绒的质量标准

品名	含绒量 （%）	含绒量 极限偏 差 （%）	绒子占 含绒量 （%） ≥	长毛片 含量 （%） ≤	异色毛 绒 （%） ≤	陆禽毛 含量 （%） ≤	鸭毛绒 含量 （%） ≤	杂质 （%） ≤	蓬松度 （cm） ≥
白鹅毛	毛片	—	—	15.0	5.0	5.0	15.0	1.5	—
白鸭毛	毛片	—	—	15.0	5.0	5.0	—	1.5	—
灰鹅毛	毛片	—	—	15.0	—	6.0	15.0	1.5	—
灰鸭毛	毛片	—	—	15.0	—	6.0	—	1.5	—
白鹅毛	10	±1.5	90	5.0	4.0	4.0	15.0	1.5	9.5
白鸭毛	10	±1.5	90	5.0	4.0	4.0	—	1.5	8.5
灰鹅毛	10	±1.5	90	5.0	—	5.0	15.0	1.5	9.5
灰鸭毛	10	±1.5	90	5.0	—	5.0	—	1.5	8.5
白鹅毛	20	±2.0	90	5.0	3.0	3.0	15.0	1.5	10.5
白鸭毛	20	±2.0	90	5.0	3.0	3.0	—	1.5	9.5
灰鹅毛	20	±2.0	90	5.0	—	3.0	15.0	1.5	10.5
灰鸭毛	20	±2.0	90	5.0	—	3.0	—	1.5	9.5
白鹅绒	30	±2.0	90	5.0	2.0	1.5	15.0	1.5	10.5
白鸭绒	30	±2.0	90	5.0	2.0	1.5	—	1.5	9.5
灰鹅绒	30	±2.0	90	5.0	—	1.5	15.0	1.5	10.5
灰鸭绒	30	±2.0	90	5.0	—	1.5	—	1.5	9.5
白鹅绒	40	±2.0	90	5.0	2.0	1.5	15.0	1.0	13.0
白鸭绒	40	±2.0	90	5.0	2.0	1.5	—	1.0	12.0
灰鹅绒	40	±2.0	90	5.0	—	1.5	15.0	1.0	13.0
灰鸭绒	40	±2.0	90	5.0	—	1.5	—	1.0	12.0
白鹅绒	45	±2.0	90	5.0	2.0	1.5	15.0	1.0	13.0
白鸭绒	45	±2.0	90	5.0	2.0	1.5	—	1.0	12.0
灰鹅绒	45	±2.0	90	5.0	—	1.5	15.0	1.0	13.0
灰鸭绒	45	±2.0	90	5.0	—	1.5	—	1.0	12.0
白鹅绒	50	±2.0	90	3.0	1.0	1.0	15.0	1.0	14.0
白鸭绒	50	±2.0	90	3.0	1.0	1.0	—	1.0	13.0

（续表）

品名	含绒量（%）	含绒量极限偏差（%）	绒子占含绒量（%）≥	长毛片含量（%）≤	异色毛绒（%）≤	陆禽毛含量（%）≤	鸭毛绒含量（%）≤	杂质（%）≤	蓬松度（cm）≥
灰鹅绒	50	±2.0	90	3.0	—	1.0	15.0	1.0	14.0
灰鸭绒	50	±2.0	90	3.0	—	1.0	—	1.0	13.0
白鹅绒	60	±2.0	90	1.0	1.0	1.0	15.0	1.0	15.0
白鸭绒	60	±2.0	90	1.0	1.0	1.0	—	1.0	14.0
灰鹅绒	60	±2.0	90	1.0	—	1.0	15.0	1.0	15.0
灰鸭绒	60	±2.0	90	1.0	—	1.0	—	1.0	14.0
白鹅绒	70	±2.0	90	1.0	1.0	1.0	15.0	1.0	16.5
白鸭绒	70	±2.0	90	1.0	1.0	1.0	—	1.0	15.5
灰鹅绒	70	±2.0	90	1.0	—	1.0	15.0	1.0	16.5
灰鸭绒	70	±2.0	90	1.0	—	1.0	—	1.0	15.5
白鹅绒	80	±2.0	90	0.5	1.0	0.5	15.0	1.0	16.5
白鸭绒	80	±2.0	90	0.5	1.0	0.5	—	1.0	15.5
灰鹅绒	80	±2.0	90	0.5	—	0.5	15.0	1.0	16.5
灰鸭绒	80	±2.0	90	0.5	—	0.5	—	1.0	15.5
白鹅绒	90	±2.0	90	0.5	1.0	0.5	15.0	1.0	16.5
白鸭绒	90	±2.0	90	0.5	1.0	0.5	—	1.0	15.5
灰鹅绒	90	±2.0	90	0.5	—	0.5	15.0	1.0	16.5
灰鸭绒	90	±2.0	90	0.5	—	0.5	—	1.0	15.5

（二）羊毛和羊绒

羊毛是纺织工业的重要原料，它具有弹性好、吸湿性强、保暖性好等优点。但由于价格高，作为服装絮料使用不多。绵羊毛在纺织原料中占相当大的比重。世界绵羊毛产量较大的有澳大利亚、俄罗斯、新西兰、阿根廷、中国等。绵羊毛按细度和长度分为细羊毛、半细毛、长羊毛、杂交种毛、粗羊毛五类。中国绵羊毛品种有蒙羊毛、藏羊毛、哈萨克羊毛。评定羊毛品质的主要因素是细度、卷曲、色泽、强度以及草杂含量等。

羊绒是山羊身上抓下的绒毛，保暖性更好，轻软滑糯，价格是羊毛的 10 倍左右，俗称"软黄金"。

（三）羊驼毛

苏里羊驼全身长满细长亮丽的毛发，体态瘦长优美，被誉为羊驼中最好的品种。其纤维光滑，亮度高，如丝绸般细腻，平均细度为 15～20μm，毛长 20～40 mm，具有银色光泽，90% 为白色，还有少量淡黄色和褐色。华卡约羊驼是阿尔帕卡羊驼（Alpaca）的主要品种，其体态均匀和谐，外表强壮优美，毛被精细而厚实，经过分梳工序去除少量髓质毛后，绒毛卷曲且富有弹性，纤维细度和长度与马海毛相似，也是很好的半细毛，有白色、浅黄、灰色、浅棕色、深褐色、墨色六种。

羊驼毛的表面由鳞片覆盖且紧贴伏在毛干上，鳞片边缘比羊毛光滑。羊驼毛的细纤维横截面呈圆形，由表皮层和皮质层组成，无髓腔；而粗纤维横截面呈椭圆形，除表皮层和皮质层外，还有不间断型髓质层。毛丛长度为 20～30 mm，少数毛丛长度范围为 10～40 mm。整齐度优于羊毛，即离散系数比羊毛低，短毛率也比羊毛低。羊驼毛的卷曲数少于羊毛，特别是苏里羊驼毛更少，卷曲率也很小，同时卷曲牢度也差。羊驼毛的强度较高，大约是细支澳毛的 2 倍，断裂伸长率比羊毛稍大。

羊驼毛作为高档服装絮料，保暖性与羊毛相当，缩绒性比羊毛差，密度比羊毛稍轻，表面光滑，抱合力差，蓬松性优于羊毛。

（四）驼毛

双峰驼的成年公驼平均产毛量 9 kg，母驼平均产毛量 5.7 kg。单峰驼产毛量平均为 3.5～4 kg。不同国家或地区的骆驼，产毛量有所差别。

（1）驼毛的特点：无论单峰驼或双峰驼的毛，按其纤维组成都属于混合毛类型，驼毛中含有绒毛、刚毛和两型毛。鬃毛最粗最长为 2～25 cm，绒毛纤维细度为 18～29μm，刚毛细度为 50～70μm；毛股中的绒毛长度为 5～13.5 cm，刚毛长度为 6～15.5 cm。

（2）驼毛的分级：不同骆驼品种换毛时脱落的毛或剪毛时剪下的毛，按品质分为四级：1 级为软毛，2 级为粗毛，3 级为鬃毛，4 级为毡片毛。

（3）各级驼毛的特点：1 级毛软，主要由绒毛组成，带有由绒毛和两型毛组成的短而细的小毛股，夹杂很少的粗毛纤维；2 级毛较 1 级粗，毛股更加粗硬，含绒毛更少，并有干死毛；3 级鬃毛，由含有粗、细刚毛的长毛股组成，绒毛含量很少；4 级毡片毛，是毛中一些硬结成块或片的毛。

羊毛、驼毛、羊驼毛一般是散状絮料，近年也有加工成絮片状的，如图 5-4 和图 5-5 所示。

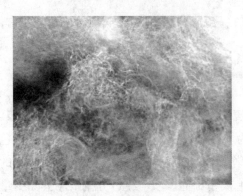

图 5-4　驼毛

图 5-5　驼毛絮片

第三节　化纤絮料

一、腈纶棉

腈纶是保暖性最好的化纤之一，密度轻，由于其性质接近羊毛，故有"合成羊毛"之称。把腈纶短纤与低熔点的少量丙纶混匀铺平，加热使丙纶熔化流动，冷却后把腈纶纤维固结成厚薄均匀、不会松散且有足够蓬松性的絮片，即为腈纶棉。

腈纶棉优于棉花和羽绒的特点是：（1）可根据服装尺寸任意裁剪，省去托布和绗缝工艺过程；（2）易水洗，洗后不乱和不毡结，仍能保持原有蓬松性和保暖性。腈纶棉的保暖性次于棉花和羽绒，适用于气候不太寒冷的中南部冬装。

二、中空棉

由涤纶制得性能优异的三维卷曲中空纤维，经过加工处理而成的一种高保暖的絮棉产品，称为中空棉，如图 5-6 所示。所谓"七孔棉""四孔棉""九孔棉"都是中空化纤，如图 5-7 所示。在一定的隔绝层中含有充足的空气，就能最大限度地保温。

图 5-6　中空棉絮片

图 5-7　涤纶中空纤维截面

三、太空棉

太空棉是 20 世纪 60 年代由美国太空总署的下属企业美国康人（HEALTHMAN）公司所研发的。太空棉由五层构成。基层是涤纶弹力绒絮片，其上是金属膜表层；金属膜表层又由非织造布、聚乙烯塑料薄膜、铝钛合金反射层和表层四个部分组成。金属膜表层与絮片基层用针刺法复合在一起，即为太空棉。

太空棉是利用人体热辐射和反射原理达到保温作用，具有良好的隔热性能。太空棉利用金属涂层的反射作用，将人体所散发的热量反射回人体，从而产生高效保暖效果；而人体散发的汗气则可通过金属层的微孔及非织造布的细孔排出，使人不会感到气闷。

与棉花相比，在同等保温效果的情况下，使用太空棉可将质量减至四分之一以下。以太空棉为絮料制成的服装，具有轻、薄、软、挺、美、牢等许多优点，直接加工无需再整理及绗缝，并可直接洗涤，制成的服装连续洗涤几十次也不会变形和损伤。而且利用太空棉可制作各种服装，包括夹克衫、滑雪服、棉衣、棉裤、紧身背心、风衣、大衣、童装、睡袋等，以及特种职业装，如炼钢、采煤、油田、地质勘探、冷库、交通、邮电等工作服，还可用于制作鞋、帽、床上用品、帐篷及门窗帘等。

四、喷胶棉

喷胶棉又称喷浆絮棉，是非织造布的一种。喷胶棉结构的形成原理就是将黏合剂喷洒在蓬松的纤维层的两面，由于喷淋时有一定的压力，以及下部真空吸液时的吸力，所以纤维层的内部也能渗入黏合剂。喷洒黏合剂后的纤维层再经过烘燥、固化，使纤维间的交接点被黏接，而未被彼此黏接的纤维仍有相当大的自由度。同时，在三维网状结构中，仍保留有许多容有空气的空隙。因此，纤维层具有多孔性、高蓬松性，具有保暖作用。

喷胶棉的质量取决于纤维原料的种类和规格。纤维的细度、长度、卷曲度、截面形状以及表面处理状态等都会影响喷胶棉的性能。喷胶棉所使用的纤维要细，卷曲数和卷曲度高，纤维相互间的抱合力好。这样产品的蓬松度、压缩弹性和弹性回复率也高。以三维螺旋卷曲为佳，其产品的蓬松度和弹性回复率明显地优于平面波浪卷曲的同类产品；中空率高则可赋予产品较高的保暖率和较低的密度。纺丝油剂的种类及纤维含油率、回潮率的高低不仅影响到加工性能，同时对改善产品的手感、消除生产过程中的静电现象也起重要作用。常用的中空螺旋卷曲的涤纶纤维细度为 6.6～7.7dtex，长度为 51～76 mm。这种规格的纤维，其综合性能比较好，纤维过细或过长，会产生柔软但不挺的手感；过短、过粗则手感粗硬。螺旋形三维卷曲常用的卷曲数为 0.5 ~ 0.6 个 / mm。如采用圆中空纤维，中空度在 5 ~ 10% 较好，其手感、弹性与保暖性均可大大改善。在常规的涤纶中混入 30% ~ 70% 的仿羽绒纤维，可生产仿羽绒的喷胶棉。所谓仿羽绒纤维，实际上就是经过硅油处理的三维卷曲中空涤纶纤维。这种纤维的特点是柔软润滑，纤维相互间不缠结，蓬松性好，因此，制成的产品弹性足，手感滑爽而蓬松，具有羽绒的特性。

喷胶棉的质量要符合纺织行业标准 FZ/T 64003-2011《喷胶棉絮片》标准，适用于以涤纶短纤为主要原料，经梳理成网，对纤网喷洒液体黏合剂，再经热处理制成的喷胶棉絮片。

喷胶棉絮片的内在及外观质量标准分别见表 5-2 和表 5-3。

表 5-2　喷胶棉絮片性能指标及等级

项　目			一等品	合格品
幅宽偏差率（%）			−1.5+2.0	−2.0~+2.5
蓬松度，比容（m³/g）≥			70	60
压缩弹性		压缩率（%）≥	60	55
		回复率（%）≥	75	70
平方米质量偏差率（%）	规格为 40 g/m²、60 g/m²、80 g/m²、100 g/m²		±7	±8
	规格为 120 g/m²、140 g/m²、160 g/m²、180 g/m²、200 g/m²		±6	±7
	规格为 220 g/m²、240 g/m²、260 g/m²、280 g/m²、300 g/m²		±5	±6
保温率（%）≥	规　格　为 40 g/m²、60 g/m²、80 g/m²、100 g/m²、120 g/m²、140 g/m²、160 g/m²		50	
	规格为 180 g/m²、200 g/m²、220 g/m²、240 g/m²、260 g/m²、280 g/m²、300 g/m²		65	
耐水洗性	水洗三次，不露底，无明显破损、分层			

表 5-3　喷胶棉絮片外观质量标准及等级

项　目	一等品	合　格　品
破　变	不允许	深入布边 3cm 以内长 5cm 及以下，每 20m 允许 2 处
纤维分层	不明显	
破　洞	不允许	
布面均匀性	均　匀	无明显不均匀
油污斑渍	不允许	面积在 5cm² 及以下，每 20cm² 允许 2 处
漏　胶	不允许	不明显
起　毛	不允许	不明显
拼　接	每卷允许一次拼接	

五、红外棉

红外棉是一种最新开发的多功能高科技产品,具有抗菌除臭作用和一定的保健功能。红外棉是远红外纤维絮片。远红外纤维是在纤维加工过程中添加了能吸收不同波长的远红外线,进而又能辐射远红外线的远红外吸收剂而制得的一种功能纤维。远红外纤维的远红外辐射不但具有保温功效,辐射的远红外线还具有活化细胞组织、促进血液循环及抑菌防臭的功效,是兼具保温、保健功能的新型化纤原料。20世纪80年代中期,日本尤尼契卡公司和东丽公司率先研制出远红外功能性纤维。远红外纤维被称为纺织材料的第三次革命,有"生命的纤维"之称。采用元素周期表中第Ⅲ、第Ⅴ周期中的一种或多种氧化物与第Ⅳ周期中的一种或多种氧化物混合而成的远红外辐射材料(MgO、Al_2O_3、CuO、TiO_2、SiO_2、Cr_2O_3、Fe_2O_3、MnO_2、ZrO_2等)在环境温度为20～50℃时,具有较高的光谱发射率,是理想的远红外辐射材料。纺丝法制造远红外纤维,是在纤维生产过程中添加远红外添加剂而制得永久性远红外纤维。远红外添加剂可在聚合、纺丝工序中加入。具体可分为全造粒法、母粒法、注射法、复合纺丝法。远红外纤维经热黏合或针刺等加工可制成各种絮片,可用于床垫、被褥、滑雪衣及手套絮料等。

不同的化纤絮料,品种不同,加工方式不同,保暖效果不同。按照GB/T 5455-1997《纺织品燃烧性能试验垂直法》标准测试几种化纤服装絮料的隔热值,并列出了几种天然絮料的隔热值以便比较,见表5-4。

表5-4 不同服装絮料的隔热值

样　品	面密度 (g/ m²)	厚度 (mm)	蓬松度 (cm³/g)	热阻 (clo)	单位厚度热阻 (×100 clo/mm)
纯棉棉絮	251.0	5.3	21.1	1.923	36.28
羊　皮	1063.0	15.2	13.5	1.561	10.99
羊绒絮片	66.8	2.5	36.0	0.752	23.19
羊毛絮片	255.9	5.2	21.2	1.316	25.31
羽　绒	151.7	55	317.6	3.815	7.00
涤纶絮片	107.0	5.0	56.7	1.155	3.56
喷胶棉	107.0	8.5	79.5	1.026	12.07
热熔棉	171.0	15.0	87.7	1.685	11.23
太空棉	111.5	1.8	16.2	0.652	36.20
远红外涤纶棉	100.0	2.3	22.7	1.055	55.39
远红外丙纶棉	129.0	2.7	20.9	0.925	35.22

尽管从绝对热阻来看，羽绒最高，毛皮、棉絮和羊毛絮片次之，远红外棉与太空棉、喷胶棉等同居一档，但在这一档中远红外纤维产品性能略优；而从单位厚度热阻看，远红外纤维产品则最高，与羊绒持平，充分体现其轻、薄、暖的特点。若将羽绒、棉花、涤纶絮片、太空棉、远红外棉取相同质量，远红外棉的厚度只有其他材料的几分之一至几十分之一，而热阻最多只降低几成；如果将它们制成相同的厚度，则远红外棉的热阻将高出其他材料。事实上，羽绒和絮制品要制成 2~3mm 厚度是不可思议的，对相同结构、不同规格的远红外涤纶絮片、远红外丙纶絮片及普通涤纶絮片进行测试，远红外絮片的热阻值优于普通涤纶絮片，而远红外涤纶与丙纶之间也有差异。这与远红外物质具有蓄热保温的性能及纺织原料本身性能的差异有关，从表 5-4 中还可看出非织造织物的热阻随蓬松度的降低而降低。

六、大豆棉

大豆棉是大豆纤维絮片，纤维本身由大豆蛋白质组成，主要成分是大豆蛋白质（15%~45%）和高分子聚乙烯醇（55%~85%）。大豆棉絮片如图 5-8 所示。

图 5-8　大豆棉絮片（图中大豆不属于絮片）

大豆棉有三种优良的舒适性能。热湿舒适：导湿快，透气好，干爽舒适；接触舒适：手感柔软，滑爽；压感舒适：轻柔，蓬松，织物带有益毛羽，柔润肌肤。

大豆棉还具有四种保健功能。抗菌抑菌功能：大豆功能纤维中含有大豆蛋白质独有的大豆低聚糖、大豆皂苷、大豆异黄酮等对各种病菌的生物活性具有长效抑制作用的物质，具有广谱抑菌作用，高效抑制真菌、革兰氏阴性菌、阳性菌等各类致病菌；远红外线发射功能：大豆功能纤维释放出来的远红外线作用于人体皮肤，与人体细胞所发射的远红外线产生共振活化现象，具有热效应，促进毛细血管的微循环，增强免疫力；抗紫外线功能：紫外线吸收率高达 99.8%，过量的紫外线照射会损伤人体皮肤；电磁波防护：对电视机等电磁波有一定的防护功能，可阻挡 77% 以上的电磁波能量。

第四节　其他絮料

一、混合絮填料

目前使用的絮料主要是天然絮料和化纤絮料。天然絮料初制成时具有良好的保温性能、压缩性能等,但在服用过程中因吸湿性较强,极易板结成团,使其保温性及压缩弹性变差。比如,羊毛絮料则因羊毛纤维表面存在鳞片,易产生毡缩现象。而且化纤资源比天然纤维广泛,价格便宜,并可按不同要求选用不同生产工艺生产不同规格的纤维,因此国内外研究开发了天然纤维和化学纤维的混合絮。混合絮料同时具备良好的透湿、透气及保温性能。

经实验研究,以50%的羽绒和50%的0.03~0.056 tex细旦涤纶混合,使用效果较好。这种使用方法如同在羽绒中加入"骨架",可使其更加蓬松,提高保暖性,并降低成本。也可以采用70%的驼绒和30%的腈纶混合的絮填料,可使两者纤维特性充分发挥作用。

毛/涤混合絮料也是常用的混合絮料,毛/涤混合絮料的保温性能测试数据见表5-5。

表 5-5　不同混比的毛/涤絮的保温性指标

面密度 (g/ m²)	毛涤混比	厚度 (mm)	热阻 (clo)	单位厚度热阻 (clo/mm)	蓬松度 (cm³/g)
100	100/0	3. 29	0. 6082	0. 1849	32. 90
100	90/10	3. 45	0. 6509	0. 1887	34. 50
100	70/30	3. 55	0. 6978	0. 1966	35. 50
100	50/50	3. 52	0. 6855	0. 1947	35. 20
100	30/70	3. 59	0. 6847	0. 1907	35. 90
100	10/90	3. 64	0. 6962	0. 1913	36. 40
100	0/100	3. 90	0. 741	0. 1900	39. 00

厚度按纺织行业标准GB/T 24218.2-2009《纺织品　非织造布试验方法　第2部分:厚度的测定》或日本工业标准JISL 2001《絮胎性能实验方法》在Y531厚度仪上测定。保温性可参照GB 11048-1989《纺织品保温性能试验方法》用热流计法测定。

圆中空涤纶纤维在弯曲作用下的弹性模量比羊毛纤维大,因此随涤纶纤维含量的增加,絮料的厚度、蓬松度增加。虽然羊毛的卷曲数比中空涤纶多,但中空涤纶的卷曲无论波高还是波宽均较羊毛纤维大,这也使得随涤纶纤维含量的增大,其蓬松度变好。从絮料的保温机理看,纤维的热传导能力远大于空气的热传导能力,因此絮料的蓬松度与其保温性能有密切关系。随涤纶含量的增加，混合絮料的蓬松度增大，所含静态空气增多，因此絮料的热阻增大。

毛／涤混合絮的保温性能仍主要取决于絮料的蓬松度以及厚度，即取决于其所含静态空气的量。从总的趋势看，毛／涤混合絮的保温性略优于纯毛絮，这与中空涤纶纤维混入后使絮料的厚度及蓬松度提高有密切关系。从保温角度看，可以使用毛／涤混合絮取代纯毛絮，并可以降低生产成本。

二、复合絮片

以纤维絮层为主的多层复合絮片，因其原料、结构及加工工艺的差异而有多种类型，如金属镀膜复合絮片、羊毛复合絮片、毛涤复合絮片、驼绒复合絮片等。复合絮片蓬松、柔软且富有弹性，便于裁剪缝制。目前市场上的保暖絮料多为絮片保暖材料，根据其加工方式不同而划分为以下主要品种：

（一）金属镀膜复合絮片

金属镀膜复合絮片又称金属棉，是以纤维絮片、金属膜为主，经复合加工而成。

1. 产品分类

按 FZ/T 64002—2011《复合保温材料金属涂层复合絮片》产品分类与品种，金属镀膜复合絮片可按金属镀层材料、絮片纤维类别、镀层载体、复合形式分类。

2. 产品规格

金属镀膜复合絮片的规格包括成品幅宽和面密度。幅宽：95 cm、145 cm、190 cm；面密度：80 g/m^2、100 g/m^2、120 g/m^2、150 g/m^2、180 g/m^2、200 g/m^2、250 g/m^2、300 g/m^2、350 g/m^2。

3. 产品代号

金属镀膜复合絮片可用2组字母4组数字表示，通常最后两组数字可合并写为一组。

（1）镀层的金属材料，用金属的元素符号表示，例如铝钛合金镀层，表示为 Al/Ti。

（2）絮片原料，用纤维缩写代号表示，如涤纶——T、腈纶——A、维纶——V、丙纶——P、黏纤——R、纯毛——W、纯棉——C 等。

（3）镀层载体用一位数字表示，1——聚乙烯薄膜为直接载体，衬以薄型非织造布；2——聚乙烯薄膜为直接载体，衬以薄型机织布；3——聚乙烯薄膜衬以薄型针织布；4——机织布；5——针织布；6——薄型非织造布；7——其他载体。

（4）复合形式，用一位数字表示。1——单面，镀层朝外；2——单面，镀层朝里；3——双面，镀层夹在中间；4——多层，单层的重叠；5——其他形式。

（5）面密度，用三位数字表示，单位为"g/m^2"，若数字在100以下，最左位补上"0"。

（6）幅宽，用三位数字表示，单位为"cm"，若数字在100以下，最左位补上"0"。

4.金属镀膜复合絮片代号（标识）举例

Al/Ti T 13-080-145，表示铝钛合金镀层，涤纶絮片，聚乙烯薄膜为直接载体，衬以薄型非织造布，面密度为80g/m²，幅宽为145cm。

金属镀膜复合絮片的内在质量和外观质量要求见表5-6和表5-7。

表5-6 金属镀膜复合絮片的内在质量

序号	项 目			单 位	标 准			说 明
					优等	一等	合格	
1	镀膜断裂强力 ≥	< 150 g/m²	纵	N	55	35	25	
			横		45	25	15	
		150~200 g/m²	纵		65	45	30	
			横		55	30	20	
		> 200 g/m²	纵		75	50	35	
			横		65	35	25	
2	热阻≥	< 150 g/m²		m²·℃/（W×10⁻²）	12.00	10.50	9.50	clo值= 6.461×热阻值
		150~200 g/m²			13.00	11.50	10.50	
		> 200 g/m²			14.00	12.50	11.50	
3	耐洗涤次数≥			次	20	15	10	
4	透气量≥			10⁻³m³/（m²·s）	100	60	40	
5	面密度（允差）	< 150 g/m²		%	−5	−7	−9	
		150~200 g/m²			−4	−6	−8	
		> 200 g/m²			−3	−5	−7	
6	镀层耐磨牢度≥			次	3 000	1 000	500	
7	胀破强力 ≥	< 150 g/m²		KPa	500	300	200	
		150~200 g/m²			700	450	300	
		> 200 g/m²			900	600	400	
8	透湿量≥			g/（m²·d）	6 000	4 000	2 500	
9	水洗尺寸变化率（绝对值）≤			%	2	3.5	5	纵横分测
10	拼搭强力			N	> 25	15~25		仅测横向

表 5-7 金属镀膜复合絮片的外观质量

序号	疵点类别		疵点程度（cm）	局部性结辫规定	散布性评等	说明
1	纵向条状疵点	白条	每5~10	1		
		折皱	每10~15	1		
		露边	每30~50	1		
2	纵向条状疵点	白条	每20~1/4幅宽	1		
		折皱	每30~1/2幅宽	1		
3	破损疵点	破洞、黏破	每0.5~1	1		
		刺破	每100~300	1		
		烂边	每10~20	1		
4	油污渍		每2~3	1		
5	拼搭疵点	镀膜拼搭宽度	< 1		不合格	
		镀膜拼搭数	幅宽 < 100 cm，> 1 处；100~150 cm，> 1 处；> 150 cm，> 3 处		不合格	
		絮片拼搭不齐	轻微 明显 严重		一等 合格 不合格	
6	镀膜质量	色泽	暗淡、发黑		不合格	
		色差	严重		不合格	
7	散布性疵点 分层 厚薄段		轻微 明显 严重		一等 合格 不合格	
8	幅宽不足		< 1% > 1%~2% > 2%~3% > 3%		优等 一等 合格 不合格	

（二）毛型复合絮片

毛型复合絮片是指以毛纤维为主的复合絮料，如羊毛复合絮片、毛涤复合絮片、驼绒复合絮片等。作为服装、被褥保温填充材料的毛型复合絮片的产品分类、品种规格结构形式等如下：

1. 产品分类

毛型复合絮片按结构组成可根据絮层纤维、复合基等分类。

2. 产品规格

毛型复合絮片的规格包括面密度和幅宽。其中，面密度：$60\,g/m^2$、$80\,g/m^2$、$100\,g/m^2$、$120\,g/m^2$、$160\,g/m^2$、$200\,g/m^2$、$250\,g/m^2$、$300\,g/m^2$、$350\,g/m^2$、$400\,g/m^2$；幅宽：$100\,cm$、$150\,cm$、$180\,cm$、$200\,cm$、$220\,cm$。

3. 产品代号

毛型复合絮片的代号由 5 个单元组成，每个单元包含若干字母或数字，各单元间用 "−" 隔开。

（1）WCP——毛型复合絮片，在不至于混淆的情况下该单元可省略。

（2）絮层原料，用纤维缩写代号及混用百分率表示。羊毛——W，涤纶——T，腈纶——A，维纶——V，丙纶——P，黏纤——R，纯棉——C，天然丝——S，锦纶——PA。

（3）用途和结构形式，该单元包括一位字母和两位数字。

第一位为用途，用一位字母表示。C——服装用，B——被褥用，O——其他用。

第二位为复合基，用一位数字表示。1——高聚膜，2——无纺布膜，3——机织布，4——针织布，5——复合膜，6——其他。

第三位为结构形式，用一位数字表示。1——单膜，膜在絮片中；2——单膜，膜在絮片表层；3——双膜，膜在絮片中；4——双膜，膜在絮片表层；5——其他形式。

（4）面密度，用三位数字表示，单位为 "g/m^2"，若数值在 "100" 以下，最左位补上 "0"。

（5）幅宽，用三位数字表示，单位为 "cm"。

例1：（W）C21-080-150，表示纯毛服装用单层无纺布膜复合絮片，其面密度 $80\,g/m^2$，幅宽 150cm。

例2：W60/T40-B13-250-200，表示毛涤被褥用双层高聚膜复合絮片，其面密度 $250\,g/m^2$，幅宽 200cm。

毛型复合絮片的质量分为内在质量和外观质量，见表 5-8 和 5-9。

表 5-8　毛型复合絮片的内在质量

序号	项目		指标			备注
			优等	一等	合格	
1	絮层纤维中毛含量不足（%）≤		3	5	7	毛纤维含量标准按标称值
2	面密度（%）	< 150 g/m²	+10 −5	+12 −7	+14 −9	标准值按设计（标称）值
		150~250 g/m²	+10 −4	+10 −6	+12 −8	
		> 250 g/m²	+6 −3	+8 −5	+10 −7	

（续表）

序号	项 目		指　标			备　注
			优等	一等	合格	
3	断裂强力 (N) ≥	< 150 g/m²	25	15	8	纵横向均应满足
		150~250 g/m²	30	20	12	
		> 250 g/m²	35	25	16	
4	热阻 (m²·℃/W) ≥	≤ 120 g/m²	0.130	0.100	0.080	clo值 = 6.461 × 热阻值
		> 120~200 g/m²	0.170	0.135	0.110	
		> 200~300 g/m²	0.220	0.180	0.150	
		> 300 g/m²	0.280	0.235	0.200	
5	透气量 10⁻³m³/(m²·s)	服装用	600~2 000	400~2 600	≥250	
		被褥用	≥ 400	≥ 250	≥ 150	
6	水洗性能 服装用 ≤	松弛收缩 (%) 机可洗	3.0	7.0	10.0	1. 纵横向应满足 2. 一条不符，即为本项不符 3. 如外形变化为"严重"，则本项降为不合格
		松弛收缩 (%) 手可洗	2.0	4.0	6.0	
		毡化收缩（面积）(%) 机可洗	5.0	—	—	
		毡化收缩（面积）(%) 手可洗	4.0	7.0	10.0	
7	蓬松度 (cm³/g) ≥	服装用	35	30	26	
		被褥用	38	32	28	
8	压缩弹性率 (%) ≥	服装用	90	84	80	
		被褥用	94	88	84	
9	透湿量 [g/(m²·d)] ≥	服装用	8 000	5 000	3 000	
		被褥用	5 000	3 500	2 500	

表 5-9　毛型复合絮片的外观质量

序号	疵点类别		疵点程度	局部性结辫规定	散布性评等	说　明
1	纵向明显疵点	折　皱	每10~20 cm	1		
		针迹条纹	每100~300 cm	1		
		边不齐	每100~200 cm	1		
2	纵向明显疵点	露　边	每30~80 cm	1		
		折　皱	每20 cm~1/2 幅宽	1		
		针迹条纹	每5条	1		
3	油污锈色斑渍		每1~2 cm	1		
4	破损疵点	破洞 破边	每1~2 cm	1		
		烂　边	每10~20 cm	1		
		刺　破	每50~150 cm	1		
5	杂　物	柔　性	每只0.3cm 以上	1		
		硬　性	不论大小		不合格	
6	拼搭不良		轻微		一等	包括絮层拼搭和复合基拼搭
			明显		合格	
			严重		不合格	
7	厚薄段结构分层散布性疵点		轻微		一等	
			明显		合格	
			严重		不合格	
8	色　差		4级以上		优等	1.包括段内和段间,段内指前后左中右色差 2.按GB250-2008评定
			3~4级		一等	
			3级		合格	

（三）功能复合絮片

　　功能复合絮片是为使服装达到某种特殊的功能而采用的特殊絮填材料制得复合絮片。例如，在劳保服装中利用金属镀膜做絮料，可以起到热防护作用；在宇航服装中使用消耗性散热材料，可以起到防辐射作用。服装中的保健絮料也属于功能复合絮片。

第六章

服装线料

缝纫线是用两股或两股以上的单纱并合加捻而成的产品,在服装中主要用于缝合衣片、连接各部位,是服装的主要辅料之一,具有功能性和装饰性的作用。除服装外,缝纫线还用于缝制纺织材料、塑料、皮革、书刊等。缝纫线的用量和成本在产品中所占比例不大,但它直接影响着缝纫效率,影响着产品的质量与外观,在生产中发挥着重要的作用。

第一节　缝纫线

缝纫线使用的单纱一般为 9~80 英支，合股数有 2 股、3 股、4 股、6 股、9 股，最高为 12 股。2 股线的强力低，一般用于单薄织物，4 股优于 3 股，4 股以上一般为非衣料缝纫线。

一、缝纫线的作用及分类

（一）缝纫线的作用

1. 缝合作用

缝纫线主要是缝合连接衣片的作用，因此缝纫线的粗细与面料的厚薄搭配要协调。缝纫线也可用于其他纺织品的缝合中，比如缝合包袋、家纺用品、皮鞋等。

2. 连接作用

缝纫线不仅用来缝制服装，还可以用来将某些部件与服装连接在一起，比如钉纽扣、拉线襻、装饰物等。

3. 加固作用

对服装中某些用力较大的部位，如开衩、袋口、裆缝等，可以打套结或双线缝纫，起到加固缝合的作用。

4. 装饰作用

用美观的针迹、漂亮的缝线，形成一定的花纹图案，对服装有很好的装饰作用。

（二）缝纫线的分类

远古时期人类缝制衣服采用藤蔓或草茎，动物的兽皮条或肌腱，后来还采用过树皮、椰壳等各种纤维。由于社会生产技术的发展，人们发现了各种纤维，制作出棉、麻、毛、丝等缝纫线，并开始广泛使用。随着化学纤维的发展，又大量采用化学纤维制成的缝纫线。

经过多年的研究开发，缝纫线的用途、原料等都有了很大的发展，从不同的角度考虑，缝纫线有不同的分类方法。

1. 按缝纫线的用途

可以分为缝纫用线、装饰用线、特种用线。

缝纫用线主要是用于缝合服装的线；装饰用线主要是指在服装中起装饰功能的缝线，如绣花线、编结线、金银线等；特种用线是指用在特殊场合的缝线，比如缝制雨衣时所用到的防针脚漏水缝线等，适用范围小，场合不固定，生产成本也比较高。

2. 按卷绕方式的不同

一般可分为绞线、轴线、线球、宝塔线等。

图 6-1 真丝线

图 6-2 轴线

图 6-3 线球

图 6-4 宝塔线

（1）绞线：一股线的两端相互缠绕所形成的卷绕方式。绞线一般为手工用线，手工刺绣所用的真丝线、棉纱线等，如图 6-1 所示。

（2）轴线：卷绕在芯上的缝纫线，绕在木芯上的称为木芯线，绕在纸芯上的称为纸芯或纸纱团。轴线长度为 50 ~ 1000m，适合家庭缝纫机和手工用线，如图 6-2 所示。

（3）线球：卷绕成球形的缝纫线，长度一般为 91.44m，主要用于手工缝制衣服、鞋帽等，也用于刺绣、打线钉、缝被子等，如图 6-3 所示。

（4）宝塔线：卷绕在锥形纸质管或塑料管上的缝纫线，长度常用规格为 3000 m、50000 m、10000 m 等，若以质量计算有 95g（净重）、227g 等，如图 6-4 所示。这种缝纫线一般强度高，润滑性好，缩水率小，耐磨，适应于高速缝纫机缝纫服装、巾被等。

3. 按缝纫线的原料

可以分为天然纤维缝纫线、合成纤维缝纫线以及混纺缝纫线。

（1）天然纤维缝纫线：采用天然纤维原料纺制成的缝纫线，常用的有棉纱线、麻线和真丝线。

① 棉纱线：以棉纤维为原料制成的棉缝纫线，习惯上称之为棉线。棉线有较高的拉伸强力，尺寸稳定性好，不易变形，并有优良的耐热性，能承受 200℃以上的高温，适于高速缝纫与耐久压烫。但其弹性与耐磨性差，难以抵抗潮湿与细菌的危害。棉缝纫线还可分为无光线、丝光线和蜡光线。

无光线是缝线在纺纱后未经其他整理，只加入少量润滑油使其光滑柔软的棉线，分本白、漂白和染色三类。无光线基本保持了原棉纤维的特性，表面较毛，光泽暗淡，但该线柔软，延伸性较好，在缝纫中的拉伸适应性较好。无光线表面粗糙,一般用于手缝、包缝、打线钉、做样衣、缝皮子等。

丝光线一般用精梳棉纱经丝光处理(烧碱处理)而成,其强度较无光线稍有增加,纱线外观丰满并富有光泽,适于缝制中高档棉制品。

蜡光线是由棉线经过上浆、上蜡和刷光处理而成,线表面光滑而硬挺、捻度稳定且强度和耐磨性有所提高,适用于缝纫硬挺材料、皮革或需高温整烫的衣物。

② 麻线:以麻纤维为原料制成的缝纫线。因为麻纤维本身比较硬挺、粗糙,在缝制中摩擦力很大,因此麻线大部分用于编织或作为绳带类材料,而不用于服装缝制。

③ 真丝线:采用蚕丝为原料纺成的纱线,可以是长丝或绢丝线。真丝线有极好的光泽,手感柔软,表面光滑,其强度、弹性和耐磨性能均优于棉线,适用于真丝、羊毛、皮革等高档服装的缝纫,也是服装中装饰线的理想用线,但桑蚕丝价格高,因而被涤纶长丝线逐步替代。

(2)合成纤维缝纫线:以合成纤维为原料纺制的缝纫线。合成纤维线的主要特点是拉伸强度大,水洗缩率小,耐磨,并对潮湿与细菌有较好的抵抗性。由于其原料充足,价格较低,可缝性好,是目前主要的缝纫用线。常用的合成纤维缝纫线主要有涤纶线、锦纶线、维纶线、腈纶线和丙纶线。

① 涤纶线:也称高强线,用涤纶丝制成的缝纫线。由于涤纶强度高、耐磨、耐化学品性能好,而且随着天然纤维价格上涨,涤纶线价格相对较低,因此涤纶缝纫线在缝线中占主导地位。根据所用涤纶纤维长短的不同,涤纶线又划分涤纶长丝线和涤纶短纤维线等。

涤纶长丝线的特点是含油率较高,一般为 4%~6%,经硅蜡处理,可缝性提高,强度大。这种缝纫线外观光泽与色牢度均较好,类似蚕丝线,可满足不同服装的缝纫要求。涤纶长丝线在国内外应用广泛,种类较多,具体见表 6-1。

表 6-1 涤纶长丝线的种类及性能特点

种 类	制造方法	性能特点	用 途
涤纶长丝线	涤纶长丝制造而成	强度高、耐磨、耐化学品;结头少、卷装大,缝纫效率高;缺乏弹性	皮革制品、滑雪衫、手套、缝制拉链等
涤纶长丝弹力缝纫线		丝质光滑、弹性好、弹性恢复率90%以上,伸长率15%~30%	针织服装、健美裤、内衣、紧身衣等弹性服装,能与弹性织物相配套
空气变形缝纫线(ATST)	用 FOY 或 POY 制成空气变形纱	强度高、伸长低、耐磨性好、接头少	服装、鞋帽、家庭装饰用布以及工业用布
包芯缝纫线	涤纶长丝为芯线,棉做包覆纱	结合了合成纤维的强度、弹性、耐磨性及棉纤维的耐热性、吸湿透气、柔软等优势	高速缝纫加工的服装产品

涤纶短纤维缝纫线有两种：一种是以涤纶长丝切断后纺制而成；一种是由涤纶短纤维纺制而成。在使用性能上，前者优于后者。涤纶短纤维缝纫线是目前缝制业的主要用线之一，而且特殊功能用线也常以涤纶短纤维线进行处理加工而成，如阻燃、抗水等功能。如用于点缀装饰的金银线，就是以涤纶短纤维特殊加工而成。

②锦纶线：又称尼龙线，用纯锦纶复丝制造，分长丝线、短纤维线和弹力变形线。目前，常用的是长丝线，它具有延伸度大、弹性好，其断裂瞬间的拉伸长度大于同规格的棉线3倍，用于化纤、呢绒、皮革及弹力服装的缝制。锦纶缝纫线最大的优势在于透明，由于此线透明，色性较好，因此降低了缝纫配线的困难，发展前景广阔。不过限于目前透明线的刚度太大，强度太低，线迹易浮于织物表面，加之不耐高温，缝速不能过高，这类线主要用作贴花、扦边等不易受力的部位。

锦纶弹力缝纫线是用锦纶6或锦纶66的变形弹力长丝制作的，主要用于缝制弹性较大的针织物，如游泳衣、内衣、长筒袜等。

锦纶透明缝纫线是采用透明的锦纶丝纺制成的缝纫线。由于能透射被线遮挡的各种面料的颜色，可使线迹不明显，从而解决了缝纫配线的困难，简化了操作。透明线的线质较硬，弹性好，耐磨，不易断裂，多用锦纶66或锦纶6单丝或单根成线。

③维纶线：由维纶纤维制成，强度大，吸湿性高，耐磨性好，不霉不蛀，耐腐蚀，线迹平稳，但是潮湿状态下易软化，易皱缩，染色性差。主要用于缝制厚实的帆布、家具布、劳保用品等，也用于服装拷边。

④腈纶线：由腈纶纤维制成，具有较好的耐光性，染色鲜艳，捻度较低，适用于装饰缝纫线和绣花线（绣花线比缝纫线捻度低约20%）。

⑤丙纶线：由于其强度好，化学稳定性好，一般用于缝制厚实的帆布、家具布等，但由于其热湿缩率大，缝制品一般不喷水熨烫。

（3）混纺缝纫线：混纺缝纫线是由两种或两种以上纤维混合，经过不同的工艺方法纺制而成。这种缝线能兼顾不同纤维的特性，达到不同的使用目的。混纺缝纫线的种类较多，常见的为涤棉混纺线、包芯线等。

①涤棉混纺线：常用65%的涤纶短纤维与35%的优质棉混纺而成，既能保证强度、耐磨、缩水率的要求，也能弥补涤纶不耐热的缺陷，适用于各类服装。

②包芯线：长丝为芯，外包天然纤维制成，强度取决于芯线，耐磨与耐热取决于外包纤维，主要用于高速及牢固的服装缝纫。

二、缝纫线质量要求

优质缝纫线应具有足够的拉伸强度和光滑无疵的表面，条干均匀，弹性好，缩率小，染色牢度好，耐化学品性能好，以及具有优良的可缝性。国家标准 GB/T 6836-2007《缝纫线》对缝纫线的技术指标有严格的规定与要求，其项目包括线密度、股数、捻度、单纱强力及强力变异系数、染色牢度（特别是耐洗与耐摩擦牢度）、沸水缩率、长度及允许误差、结头允许数，以及外观疵点（表面接头、油污渍、色差、色花、麻懈线、珠网等）限度等。总结归纳这些技术指标，缝纫线的基本质量要求包括可缝性、光滑性、捻度、缩水率、弹性、色牢度等方面。

（一）可缝性

可缝性指在规定条件下，缝纫线能顺利缝纫和形成良好的线迹，并在线迹中保持一定的机械性能。缝纫线可缝性是缝纫线质量的综合评价指标。缝纫线可缝性的优劣，将对服装生产效率、缝制质量及服装的服用性能产生直接的影响。

缝纫线可缝性的计量方法可分为：

1. 定长制

在规定的车速、针号、针距和缝料上进行缝纫时，以一定缝纫线长度内的断头次数或所能缝制的试样米数来表示。断线次数越少（即缝制长度越长），则缝纫线的可缝性越好。

2. 定时制

在规定车速、针号、针距和缝料等条件下，以一定时间内的断线次数来表示，即用不断线时间的长短来表示缝线的可缝性。

3. 层数制

将试料做成一层、二层、三层至十层的试料组，在规定的条件下，看缝纫线能通过哪个组。通过层数多的缝线，其可缝性好。

4. 张力法

在规定条件下（一定的车速、针号、针密、缝料），通过缝纫机的面线张力调节装置，逐步增加张力，直至缝纫线断头。可缝性是指以某张力值为标准，在规定的缝纫张力下，缝纫线的断裂次数越少，可缝性就越好。

缝纫线应具有一定的强度和延伸性，否则容易断线，影响生产效率和缝制质量。

（二）光滑性

缝纫线应光滑且细度均匀。如果纱线表面粗糙，柔软有毛，条干不均匀，会增加针孔与缝纫线之间的摩擦而经常断线。

（三）捻度

捻度要适当均匀。捻度过大，定型不好，在缝纫过程中面线形成的线圈容易扭曲变形，发生跳线现象；捻度过小，则会影响牢固度。

（四）缩水率

缝纫线应该与面料具有相应的缩水率，以免织物在洗涤后，因面料与缝线的缩水率不同而发生皱缩的现象。

（五）弹性

缝纫线应具有一定的弹性，无接头和粗结，防止断线和跳线。

（六）色牢度

缝纫线应有较好的色牢度，掉色、变色都会影响服装的美观性。

三、缝纫线选用

缝纫线的种类繁多，性能特征、质量和价格各异，为了使缝纫线在服装加工中有最佳的可缝性，同时使服装具有良好的外观和内在质量，正确地选择缝纫线是十分重要的。其选择的依据有以下几方面：

（一）面料种类与性能

缝纫线与面料的原料相同或相近，才能保证其缩率、耐化学品性、耐热性以及使用寿命等相配伍，以避免由于线与面料的性能差异而引起的外观皱缩等弊病。缝线的粗细应取决于织物的厚度和质量。在接缝强度足够的情况下，缝线不宜粗。因为粗线要使用大号针，易造成织物损伤。高强度的缝线对强度小的面料来说是没有意义的。

（二）服装种类和用途

选择缝纫线时应考虑服装的用途、穿着环境和保养方式。如弹力服装需用富有弹性的缝纫线；特殊功能服装需要经过特殊处理的缝纫线，如消防服需要耐高温、阻燃和防水的缝纫线。

（三）接缝与线迹的种类

不同接缝和线迹的种类，影响缝纫线的选择。现代工业生产中的专用设备，可用于服装的不同部位，这为合理用线创造了有利条件。比如，多根线的包缝，需用蓬松的线或变形线；双线链式线迹，则应选择延伸性较大的线；缲边机应选用细线或透明线；裆缝、肩缝应考虑线的牢度；而扣眼线则需耐磨的缝线。不同针迹对缝纫线的要求具体见表 6-2。

表 6-2 不同针迹对缝纫线的要求

针迹形式		性能要求
平 缝	一般缝合	缝纫线有强度和收缩性
	线 圈	缝纫线具有柔和的光泽
	锯齿平缝	有平滑均匀的舒解张力
	直扣眼锁缝	不易脱线
	绕 缝	缝纫线的粗细要求严格
链式缝	下摆绕缝	缝纫线的粗细要求严格
	八字形疏缝	缝纫线的粗细要求严格
	圆扣眼锁缝	有柔和的光泽
拷克缝		缝纫线要有覆盖性

（四）缝纫线的价格与质量

虽然缝纫线所占成本比例较低，但是若只顾价廉而忽视其质量，就会影响缝纫产量和质量，因此，合理选择缝纫线的价格与质量是不可忽视的。

四、缝纫线用量计算

缝纫线用量受线迹种类、接缝形式、衣料厚薄、缝口厚度、缝线细度、缝线张力等多种因素的影响，很难做精确计算，因而常用估算的办法。估算方法大致有以下几种：

（一）实测估算

先进行实际缝纫，测出单位接缝长度所需线量，再估算一件服装的缝纫总长度，最后根据服装件数，并考虑估算的差异与耗损而制订用线定额。

（二）经验估算

按以往生产中实际耗线量（5000m 长的宝塔线可缝制的服装件数），再根据服装材料与缝线细度改变后的情况，得出经验规律，进行估算。例如，在同样缝纫长度下，粗线比细线的耗用量大，针织物比机织物的用线多（线迹比较松）。在实际生产中，注意积累资料和经验，即能估算出缝纫线的用量。

（三）几何运算

利用线迹的几何图形，结合缝料厚度、针密、缝线等条件，进行几何运算，求得单位缝纫长度的用线量，进而得到整件服装的缝纫线用量。

在实际生产中估算用线量时，应考虑车间生产组织、各台车用线个数、宝塔线长度、用线颜色、换线次数以及共用机台（包边、锁边机等）数等因素，按此实际用量多10%～15%的比例进行估算，否则会影响生产。

第二节　工艺装饰线

一、绣花线

绣花线是用优质天然纤维或化学纤维经纺纱加工而制成的刺绣用线，采用不同的针迹可形成漂亮的图案，绣制在服装上，主要起装饰作用。

图 6-5　刺绣制品

绣花线的品种繁多，依原料分为丝、棉、毛等绣花线。

（一）丝绣花线

丝绣花线用真丝或人造丝制成，大多用于绸缎绣花，绣品色泽鲜艳，光彩夺目，是一种装饰佳品，但强度低，不耐洗晒。丝绣花线有两种：一种是用蚕丝等天然纤维制成的真丝线；另一种是人造丝线。

1. 真丝线

真丝线是我国南方特有的一种绣线，适合在软缎、丝绸等柔软的底布上刺绣，也可在玻璃丝纱上做双面绣。中国四大名绣的苏绣、湘绣、粤绣、蜀绣均采用蚕丝绣花线。蚕丝绣花线有夺目的光泽，颜色鲜艳，做成的绣品十分华贵，价格也较高。但蚕丝易吸湿发霉，应注意保管与使用。

2. 人造丝

人造丝是一种丝质的人造纤维素纤维，由纤维素构成，故许多性能与棉和亚麻纤维的性能相同。人造丝在湿态下强度减小30%~50%；弹性和回弹性能较差；洗涤后大幅收缩；易霉蛀；光泽明亮，颜色各异；手感稍粗硬，且有湿冷的感觉；用手攥紧后放开，皱纹较多，拉平后仍有纹痕。人造丝可以干洗，在良好的照料情况下也可水洗，不会产生静电或起球现象，价格也不贵，现在广泛用于纺织品电脑刺绣。

（二）棉绣花线

棉绣花线用精梳棉纱制成，强度高，条干均匀，色泽鲜艳，色谱齐全，光泽好，耐晒，耐洗，不起毛，绣于棉布、麻布、人造纤维织物上，美观大方，应用较为广泛。我国的棉绣花线分为细支和粗支两种。

纯棉细绣线由单根纱合股捻成，适应机绣，也可手绣，绣面精细美观。细绣线约有40个色系，且每个色系从浅到深有6~9个色阶。纯棉细线也可合股使用，在较粗糙的底布上刺绣时用合股绣，否则绣出的图案容易发泡且露底布，不平整。

纯棉粗绣线由3根纱合股捻成，只可手绣，绣工省，效率高，但绣面较粗糙。粗绣线色系较少，每个色系的色阶仅3~5个，一般不合股使用，最多采用2根合股使用，适合在麻底布、绒底布上刺绣，如图6-6所示。

图6-6 手工棉绣花线

（三）毛绣花线

毛绣花线用羊毛或其他毛混纺纱线制成，一般适合做纳纱绣，有细毛线、中粗线、粗捻线、合股线之分。毛衫上，绣品色彩柔和，质地松软，富于立体感，俗称绒绣。但光泽较差，易褪色，不耐洗。

图 6-7　丝带绣

图 6-8　金银线

（四）丝带

丝带是一种机织的很细密的彩色带子，适合在较粗且厚实的底布上使用，也可以和粗绣线混合使用，效果都非常好，如图 6-7 所示。如果再配上串珠绣、亮片绣，画面效果会更加丰富多彩。

（五）金银线

金银线是以黄金、白银为主要原料制成的纱线，或是具有金银光泽的化纤细条状薄膜，如图 6-8 所示。黄纹者叫做金线，白纹者叫作银线。

传统金银线分为扁金线和圆金线两种。将金箔黏合在纸上切成 0.5 mm 左右的细条状，即制成扁金线；将扁金线包缠在棉纱或丝线外，即成圆金线。现在某些名贵传统织物，如云锦，仍用传统金银丝。

20 世纪 40 年代发展起来的化纤薄膜金银线，是由两层醋酸丁酯纤维素薄膜夹黏一层铝箔再切割成细条而成。后来又出现了用聚酯薄膜通过镀铝、加颜色涂料等工艺制成的涤纶金银线。涤纶金银线有双色金银线、五彩金银丝、彩虹线、荧光线等。使用金银线可以使织物具有富丽豪华的风格。金银线要求细度匀称、色泽光亮、色牢度好、强度高、无刀痕、耐酸碱、耐皂洗、耐摩擦。金银线主要用于织物的装饰彩条、绳带镶嵌制品，或做编结线。

金银线一般适合做盘金绣、菱绣。由于金银线的质地较脆，因此不适合较复杂的针法刺绣。

（六）涤纶绣花线

涤纶绣花线耐化学品，耐磨，色泽持久稳定，比人造丝绣花线坚韧，强度高，回弹性好。机绣时，涤纶线能够承受绣花机很高的拉力，可以使机器运行速度更快，生产效率高；而且涤纶线的防火性很好，即使接近火焰，也不容易起火。

二、编结线

编结，以天然纤维和化学纤维纺线为原料，使用棒针或钩针等工具进行的手工工艺。编结由远古时代的结网技术发展而来。公元前 2000 至前 1500 年古埃及和北欧已有用类似结网技术编结成的衣裙。编结工艺主要有棒针编结、钩针编结、民间结线、阿富汗针编结四种。

现在的编结已不局限于使用手工，出现了大规模的工业化生产，比如毛衣、中国结等。编结线也出现了不同种类，最常见的为玉线、毛线。

图 6-9 中国结

（一）玉线

中华服饰 5000 年的历史中，从古人用绳结盘曲成"S"形饰于腰间开始，历经了周的"绶带"、南北朝的"腰间双绮带，梦为同心结"，直到盛唐的"披帛结绶"、宋的"玉环绶"、明清旗袍上的"盘扣"以及传世的荷包（香囊）、玉佩、扇坠、发簪等，显示了这些"结"在中国传统服饰中的广泛应用，如图 6-9 所示。

编织"结"所用的线，称为玉线，其种类很多，包括丝、棉、麻、尼龙、混纺等。采用哪一种线，要根据所编的"结"的种类和用途而定。使用不同的编织线，成品的风格会有很大差异。

（二）毛线

毛线也称绒线，表面毛绒绒的，其形态蓬松，手感柔软，富有弹性，而且颜色多样，色彩柔和。毛线是服装中主要的编织线类，如用于编织毛衣、披肩、手套、围巾，以及编织一些小饰物等，如图 6-10 所示。还可以用作装饰材料，如绣花毛线等，表现力非常丰富。

图 6-10 毛线编织品

1. 毛线的分类

毛线的种类繁多，分类方法也多种多样。

（1）按用途分，可将毛线分为手工编织用线和针织用线。

手工编织的毛线一般为合股加捻而成，有粗毛线和细毛线之分。粗毛线为4股合股，细度约为400tex及以上，编织出的产品风格粗犷，保暖性也较好；细毛线一般是3股或4股合股，细度小于400 tex而大于167 tex，编织出的产品细腻轻柔，适合用于内衣的编织。

（2）按原料分，可分为全毛毛线、腈纶毛线和混纺毛线。

全毛毛线是指含毛量为100%的纯毛毛线，可以是羊毛、羊绒、骆驼绒、牦牛绒和马海毛等。全毛毛线以羊毛毛线为主，纯羊毛毛线的手感柔软舒适，颜色丰富；羊绒则更加柔软，具有优良的品质和特性，是其他纺织品原料无法比拟的，而且产量稀少，被誉为"软黄金"。

腈纶毛线以腈纶为原料制成，有普通腈纶毛线和腈纶膨体毛线。腈纶纤维有"人造羊毛"之称，具有柔软、蓬松、易染、色泽鲜艳、耐光、抗菌、不怕虫蛀等优点，根据不同的用途要求可纯纺或与天然纤维混纺，广泛用于服装、装饰、产业等领域。

混纺毛线是指用羊毛与化学纤维按一定比例混合制成的毛线。混纺毛线有多种，如毛腈混纺、毛丙混纺、毛黏混纺、腈锦混纺、腈麻混纺等。

（3）按毛线的花色分，可分为常规毛线和花色毛线。花色毛线的品种较多，产量较少，结构特殊，色泽配合变化多样，如闪光毛线、珍珠毛线、印花毛线、波形毛线等。

2. 毛线的品号

毛线的品号为一组数字，包含四位数字、加斜线后的数字以及尾缀两位数字，具体如下（表6-4）：

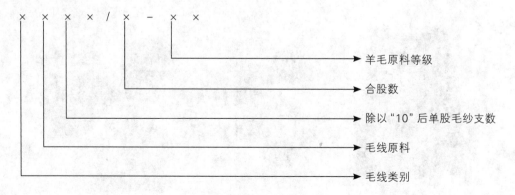

表 6-4　毛线的品号

第一位数字	0表示精梳，1表示粗梳，3表示粗梳针织，4表示试制品，H表示花色毛线
第二位数字	0表示山羊绒或山羊绒与其他纤维混纺，1表示异质毛，2表示同质毛，3表示同质毛与黏胶纤维混纺，4表示同质毛与异质毛混纺，5表示异质毛与黏胶纤维混纺，6表示同质毛与黏胶纤维混纺，7表示异质毛与合成纤维混纺，8表示纯化纤或化纤与其他化纤混纺，9表示其他动物纤维的纯纺或混纺
第三、四位数字	单股毛纱支数

第三节　特种线

特种线是在特殊场合中发挥特殊作用的线，具有独特的性能，使用范围比较小，用途也比较单一，生产成本较高。特种线大部分以用途命名，适用场合不定，分类也比较繁杂，其原料主要是棉、麻、锦纶、维纶等。

一、阻燃缝纫线

阻燃缝纫线，又名防火缝纫线、高温缝纫线等，起火点低，阻燃效果好，不易点燃，离火源自灭，并具备防水功能，达到永久阻燃效果；与不阻燃线对比，用火烧能看到明显区别。

阻燃缝纫线依据材质不同可分为纯涤纶阻燃线、腈棉阻燃缝纫线、芳纶阻燃缝纫线、金属离子防火缝纫线和玻璃纤维缝纫线等种类。其规格主要分为 $20^s/2$、$30^s/3$、$40^s/3$、$24^s/4$ 等。它的主要性能为：耐高温，$280 \sim 1000\,℃$，防火不燃，同时具有外观光滑、高强度、高模量、耐腐蚀、耐老化、绝缘、防静电等特性。

阻燃缝纫线主要用于耐高温的纤维织物的缝制，例如防火手套、防火被、保温隔热毯、消防服、阻燃工作服、电焊服、特种工装等。

二、透明线

透明线也称鱼丝线、串珠线，如图 6-11 所示，主要用于钓鱼和串珠，也用于服装、鞋、皮具、毛绒玩具等。透明线是将尼龙加工成线，无色透明，故也称为玻璃尼龙线。它具有高弹性、高强度、切水性能快、柔软性好的特点。

图 6-11　透明线

三、夜光缝纫线

夜光线是可于黑暗处自动发光的材料，目前有 PU / PVC 夜光纱线。

图 6-12　夜光线的颜色

夜光发光纱线是先吸收各种光和热，转换成光能储存，然后在黑暗中自动发光，通过吸收各种可见光来实现发光功能。该产品不含放射性元素，并且可无限次数循环使用，尤其对 450 nm 以下的短波可见光、阳光和紫外线光（UV 光）具有很强的吸收能力。

夜光发光纱线用途广泛，可以制作饰品、纺织品、假发、织带、商标等。

夜光发光纱线有长效型 6 色，普通型 1 色，可添加各色荧光剂调色。各色夜光材料可混合调色，如图 6-12 所示。

四、耐酸碱缝纫线

耐酸碱缝纫线广泛应用于特殊性能的工作服装、鞋、帽、防护手套等。这种缝纫线对化学试剂的酸碱性有一定的抵抗力，稳定性极强，不易老化、无污染，同样适合高温高湿的环境。

五、防静电缝纫线

防静电缝纫线也称导电缝纫线，是采用导电碳纤维与 100% 涤纶长丝混合而成的，具有高强度，但在车缝过程中需避免因导电纤维断裂而破坏其导电性能。其防静电电阻值在 $10^5 \sim 10^7 \Omega$。

六、防水缝纫线

防水缝纫线也称防虹吸线，主要用于制造防水用品或一些安全用品。此线投入水中长时间不亲水、不下沉，常用的型号为 402、403、604、606、206、209 等。防水缝纫线主要用于较厚的服装、手袋、皮手套、皮具、雨衣、潜水服、帐篷等。

七、感温变色缝纫线

感温变色缝纫线是一种随温度上升或下降而反复改变颜色的缝纫线。常见使用的变色温度为31℃，俗称手摸变色、手感变色，目前有PP／PE感温变色缝纫线。

感温变色纱线用途广泛，可以制作饰品、纺织品、假发、织带、商标等，如图6-13所示。

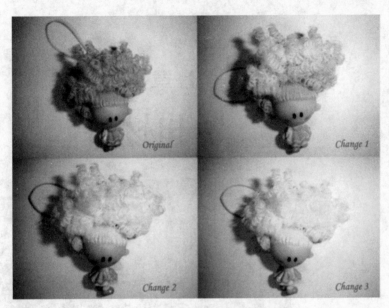

图6-13　变色娃娃

八、感光变色缝纫线

感光变色线经阳光或紫外线照射后会产生颜色变化，当失去阳光或紫外线后则回复为原本的颜色，目前有PU／PVC感光变色纱线。

感光变色纱线用途广泛，可以制作饰品、纺织品、假发、织带、商标等。

第七章
紧扣材料

紧扣材料的种类很多,主要包括纽扣、拉链、钩、绳带、环和搭扣等,在服装中起连接、固定、组合或装饰的作用。经过多年的发展,紧扣材料成为服装辅料中最为丰富的一类,对服装整体造型及功能性、舒适性等起着不可替代的作用。

紧扣材料的材质以及造型等多种多样。与服装搭配时,应与服装的种类、款式、功能、材质、保养方式、固件的位置、开启形式等结合起来,正确、合理地来选择紧扣材料的种类、型号及紧固形式等。

第一节　紧扣材料概述

紧扣材料是指服装中具有封闭、扣紧功能的材料。它在服装中主要起连接、组合和装饰的作用。

一、紧扣材料的分类

紧扣材料一般分为纽扣、拉链、绳带、钩环及搭扣等。

（一）纽扣

纽扣在国外被称为服装的"眼睛"，在国内被称为衣服上的"珍珠"。不难看出，纽扣兼具实用和装饰两大功能。

纽扣分为扣纽和看纽两种。扣纽用于扣合衣服，主要体现其实用功能，看纽则用于衣服上做装饰点缀。

纽扣大约出现在公元 12 世纪。那时，男人把它缀在衣服上，作为装饰，恰如女人将贝壳串挂在脖颈上一样。由于其颇为独特的美观性，随后女式服装也开始采用。现代人将纽扣钉在袖口、肩头等部位，这恰恰在审美和装饰方面继承了中世纪的做法。后来，古人在生活中发现，纽扣不仅可以用来装饰，而且可以将其与衣服上的洞眼扣在一起，使敞开的衣襟更好地合拢，起到防寒保暖的作用。

纽扣种类繁多，可按不同的分类方法分为很多种类。通常，按结构可分为有眼纽扣、有脚纽扣、揿扣（或按扣）和其他纽扣（如编结盘花扣）等；按材料可分为合成材料纽扣、金属材料纽扣、天然材料纽扣、其他材料纽扣及组合纽扣等。

（二）拉链

拉链最早产生于 19 世纪中期，当时人们的长筒靴上的纽扣多达 20 粒，穿脱极为不便。1851 年，美国人爱丽斯·豪申请了一个类似拉链设计的专利，名叫《可持续、自动式扣衣工具》，应用在靴子上，这就是拉链的雏形。然而可惜的是，这个设计专利被遗忘了半个世纪之久。到 19 世纪末，美国发明家威特科姆伯·朱迪森设计出用一个滑动装置来嵌合和分开两排扣子，使长筒靴穿脱更为方便。随后一个多世纪以来，随着科学技术的发展，拉链也在不断发展，功能在不断完善，直到现代演变成为设计师钟爱的设计元素之一。

拉链分为各种不同的材质，如金属拉链、树脂拉链、尼龙拉链及针织布带拉链等。拉链形式又可分为单头闭尾式拉链、双头闭尾式拉链及双头开尾式拉链等。另外，拉链的齿牙有大小之分，齿形也各不相同。拉链头也有丰富的造型。如此种种，使得拉链品种多样、花样繁多，能很好地满足设计使用的需要。

（三）绳带

在文字发明以前，人们通过绳结记事，"事大，大结其绳；事小，小结其绳。"由此可见，绳带与人类的发展关系极为密切。

绳带在服装上的应用出现得很早，甚至在服装还没有正式出现之前，人类祖先就懂得以兽皮或布料缠裹，在腰间使用皮革或藤条系扎。到旧石器晚期，逐渐产生了编结缝缀工艺，用线、绳把草叶或小片兽皮连缀成大片的材料包裹身体。在我国古代，人们穿戴衣服，最早是以带束衣。早期服装中，绳带主要起连接和绑束衣片的作用，从而达到实用和保暖的目的。后来，随着社会的进步，有些服装上的绳带已经不局限于实用功能，更多的而是体现其装饰功能。

在西方，希腊与罗马人利用布料的垂坠度，用绳带缠绕包裹出自然的皱褶线条。到17~18世纪，法国"巴洛克""洛可可"式的女装造型中，在领口和袖口利用大量的花结和带饰。此外，日本和服上的宽带则是吸纳了西方传教士长袍的衣带与朝鲜人衣着平带的特点，通过加宽而形成的，成为和服上的画龙点睛之物。

绳带在现代服装中既可以作为造型的主要手段，也可以作为服装的主要材料。利用绳带材质不同，可以产生不同的设计效果。

二、紧扣材料性能及质量标准

不同种类的紧扣材料有不同的性能与质量标准。例如，拉链的质量标准主要包括两个：其一是GB/T 18746-2002《拉链术语》，其二是QB/T 2171-2001《金属拉链》、QB/T 2172-2001《注塑拉链》和QB/T 2173-2001《尼龙拉链》。根据以上两个标准进行拉链的选择。

三、紧扣材料选用

紧扣材料的选用要遵循和把握以下几个原则：

（1）依据服装的设计款式及流行趋势进行选配。由于紧扣材料的装饰作用较强，它已成为加强和突出服装款式特点的一个十分有效的途径，除了加强服装款式造型外，还应与服装及配件的流行相结合，在材质、造型、色彩等方面综合考虑。

（2）依据服装的种类及用途进行选配。例如，女装较男装更注重装饰性，童装应考虑安全性；而秋冬季装因天气寒冷，为加强服装保暖效果，多采用拉链、绳带和尼龙搭扣等。

（3）应与服装面料相配伍。紧扣材料应从材质、造型、颜色等方面与面料搭配协调，以求达到完美的装饰效果。通常轻薄而柔软的面料选用质地小而轻的紧扣材料，而厚重硬挺的面料则选用质地较厚实且较大的紧扣材料。

（4）依据紧扣材料所使用的部位及服装的加工方式、设备条件综合考虑。例如，应用在上衣门襟的拉链为开尾拉链，而应用在裤子门襟、女连衣裙上为闭尾拉链。

（5）依据服装的用途及功能来选用。例如，风雨衣、泳装等的紧固材料要求能够防水，且耐用，故适合使用塑胶制品；女内衣的紧固件要轻而小且牢固；裤门襟和裙装后背的拉链一定要能自锁等。

（6）依据紧固件的位置及服装开启方式进行选用。例如，紧固部位在后背，应注意操作的简便性；如果服装的紧固处无搭门，就不宜选择钉纽扣和开扣眼，而适宜选用拉链和钩绊。

（7）依据服装的保养洗涤方式进行选用。这里主要涉及紧扣材料的坚牢度、色牢度以及是否溶于洗剂等。例如：有些服装经常水洗，因此要注意少用或不用金属紧固材料，以防止金属生锈而沾污服装。

第二节 拉链

拉链的发明距今有 100 多年的历史，是 20 世纪对人类最具影响的发明之一。从最初简单的雏形到逐步在品种、款式、花样等方面的发展完善，拉链的应用范围越来越广泛，对人类生活有着深刻的影响。

拉链是由两条能互相啮合的柔性牙链带，以及可使其重复进行拉开、拉合的拉头等部件组成的连接件。它一般由拉链带、链牙、拉头、上止等主要部件和下止、插座（方块）、插销、贴胶等组合而成，如图 7-1 所示。

一、拉链规格与质量标准

（一）拉链规格与型号

拉链的规格是指拉链两侧牙链啮合

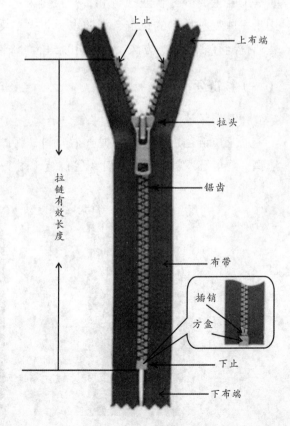

图 7-1 拉链构造图

后的宽度尺寸，单位为毫米（mm），直接与拉链型号相对应。

对应于一种规格的拉链，还有一系列与之相匹配的尺寸，如牙链单宽、牙链单厚、齿高、牙距、拉头内腔口宽、口高等。

拉链的型号指的是一个尺寸区间内拉链规格所对应的序号，主要由拉链规格、链牙厚及单侧底带的宽度（带单宽）等参数决定。拉链型号指的是一个尺寸范围而不是一个具体的尺寸，它综合反映拉链的形状、结构及性能。通常号数越大，拉链牙齿越粗，扣紧力也越大。

（二）拉链的质量标准

拉链的质量主要有两个方面：其一是拉链产品整体质量；其二是具体的拉链质量。前者反映企业的管理水平，后者反映企业的制造水平。不同种类的拉链有不同的适用范围。消费者采购时应根据所需产品特点进行合理选择。

二、拉链的分类

拉链主要分为普通拉链和特殊拉链两大类。特殊拉链主要指用特殊材料制成的，用于一些特种用途的拉链，如防水、防火、反光、灭菌、手术及密封等。对于常用的普通拉链有多种分类方法，以下分别进行介绍。

（一）按链牙材质分

1. 尼龙拉链

尼龙拉链是用聚酯或尼龙丝做原料，将圈状的牙齿缝织于拉链带上，又可分为普遍型、隐形、双骨、编织和针织等拉链（图7-2）。

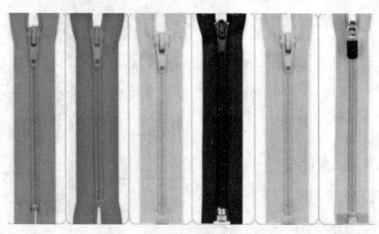

图7-2　尼龙拉链

隐形拉链是指链牙由单丝围绕中芯线成型，呈螺旋状缝合在布带上，将布带内折外翻，经拉头拉合后，正面看不到链牙的拉链（图7-3）。

双骨拉链是链牙有单丝成型为连续的U型形状，经缝合固定排列在布边上的拉链（图7-4）。

图7-3　隐形拉链

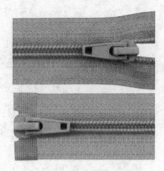
图7-4　双骨拉链

编织拉链是链带由编织工艺一次性将纱线、单丝编织形成的拉链。

尼龙拉链的主要特点是轻巧、耐磨且富有弹性，可用于轻薄服装和童装。

2. 注塑拉链

注塑拉链是由聚酯或聚酰胺熔体注塑而成的一种拉链，又可分为聚甲醛拉链和强化拉链两种（图7-5）。

聚甲醛注塑拉链是链牙由聚甲醛通过注塑成型工艺固定排列在布带带筋上的拉链，也称为塑钢拉链。

强化拉链是链牙由尼龙材料通过挤压、成型、缝合工序，固定排列在布带边上的拉链。

图7-5　注塑拉链

注塑拉链的主要特点是质地坚韧，耐水洗，而且可染成各种颜色，适用于运动服、夹克衫、针织外衣、羽绒服等。

3. 金属拉链

金属拉链是用铝、铜、镍、锑及合金等压制成牙后，经喷镀处理，再装于拉链带上（图7-6），又可分为铜牙、铝牙、压铸锌合金拉链等。

金属拉链的主要特点是耐用，且个别牙齿损坏后可更换，但颜色受限，适用于厚实的制服、军装、牛仔服及防护服等服装。

图7-6　金属拉链

（二）按拉链形式分

1. 闭尾拉链（常规拉链）

闭尾拉链是指拉链在拉开时两边牙链带不能完全分离的拉链（图7-7），又分为一端闭合和两端闭合两种情况。根据带有拉头数目不同，分为单头闭尾式拉链和双头闭尾式拉链。双头闭尾式拉链根据拉头穿入形式不同，又可分为O状和X状。

（1）单头闭尾拉链　　（2）双头闭尾拉链
图7-7　闭尾拉链

一般而言，单头闭尾式大多是一端闭合，常用于裤子、裙子的开口或领口处。双头闭尾式既有一端闭合又有两端闭合，常用于服装口袋或箱包等。

2. 开尾拉链（分离拉链）

开尾拉链是指拉链在拉开时两边牙链带可完全分离的拉链，即两端均不封闭（图7-8）。根据带有拉头数不同，分为单头开尾式和双头开尾式两种拉链。主要适用于前襟全开的服装和可装卸衣里的服装。

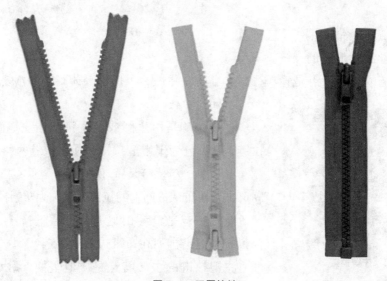

图7-8　开尾拉链

3. 无形拉链（隐形拉链、隐蔽式拉链）

无形拉链是线圈牙链很细的一种拉链，由于其在服装上不明显，故常用于旗袍或裙子等薄型优雅型女装。

（三）按拉链配件组合分

1. 按链牙的变化分类

链牙的变化主要体现在对牙链表面的处理方式不同，按链牙的变化分类如下：

（1）尼龙拉链：可分为染色拉链、真空镀金（银）牙拉链、金粉（银粉）牙拉链、白牙拉链、青古铜牙拉链、七彩牙拉链和拼色牙拉链（图7-9）。

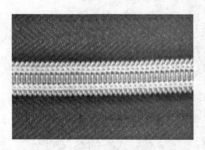

（1）七彩牙拉链

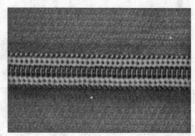

（2）拼色牙拉链

图7-9　尼龙彩色牙拉链

（2）注塑牙拉链：可分为配色牙拉链、夜光牙拉链、金粉（银粉）牙拉链、镀金（银）牙拉链、七彩牙拉链、沙白牙拉链、青（红）古铜牙拉链、镭射牙拉链、透明牙拉链、间色（拼色）牙拉链、蓄能发光牙拉链和单（双）排钻石拉链（图7-10）。

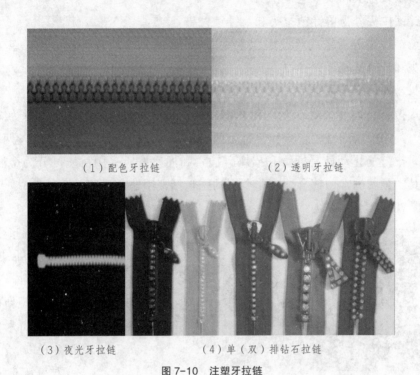

（1）配色牙拉链　　　　　　　（2）透明牙拉链

（3）夜光牙拉链　　　　　（4）单（双）排钻石拉链

图7-10　注塑牙拉链

（3）金属牙拉链：可分为黄（白）铜牙拉链、青（黑、红）古铜牙拉链、深（浅）克叻牙拉链、白金牙拉链、黄金牙拉链、铝牙拉链、电化铝牙拉链、铝牙抹油拉链和拼色拉链等（图7-11）。

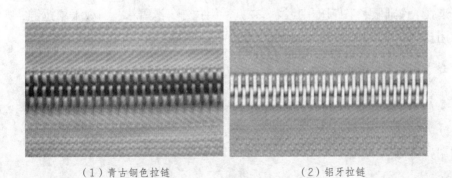

（1）青古铜色拉链　　　　　　　（2）铝牙拉链

图7-11　金属牙拉链

2. 按拉头的变化分类

按拉头的变化分类如下：

（1）自锁拉头分为带花色拉片的自锁拉头、单（双）拉片自锁拉头、带轨旋转片有锁拉头、反装拉头和双开尾下拉头。

（2）针锁拉头分为单针锁拉头和双针锁拉头。

（3）无锁拉头分为带花色拉片的无锁拉头、单（双）拉片无锁拉头、单（双）锁孔无锁拉头和带轨旋转片无锁拉头。

3. 按止动件的变化分类

闭尾式拉链止动件主要有上止和下止。上止和下止按所采用材质可分为金属和非金属两类，其中金属的有铝合金和铜合金两种；非金属的有聚甲醛和涤纶丝两种。

开尾式拉链的止动件是插管和插座。插管和插座按所采用材质可分为金属和非金属两类，其中金属的常用锌合金；非金属的则包括聚甲醛和涤纶丝两种。

4. 链带及其他变化分类

拉链布带在织造过程中可以加入一些特殊材料一同编织，形成一些新的效果。例如：加入反光线、加入色线（金银色线）或对拉链布带进行防水处理等（图7-12）。

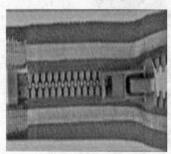

（1）加反光带拉链　　　　　　（2）防水拉链

图7-12　特殊链带拉链

（四）按拉链用途分

1. 服装用拉链

可分为女内衣、裙装及裤子用拉链，西装裤、童装用拉链，女胸衫、休闲服用拉链，工作服、作训服、牛仔服用拉链，夹克衫用拉链，滑雪衫、羽绒服用拉链，呢大衣、皮大衣用拉链，以及鞋、帽、手套用拉链等。

2. 家纺用拉链

可分为枕套用拉链，床套用拉链，沙发套用拉链，以及靠垫用拉链等。

3. 箱包用拉链

可分为女式包用拉链，电脑包、软包用拉链，软箱用拉链，硬箱用拉链，以及箱包内袋用拉链等。

4. 旅行用品拉链

分为旅行帐篷用拉链、大帐篷用拉链，以及睡袋用拉链等。

5. 其他类用拉链

包括军械罩袋用拉链、船用天篷用拉链，以及玩具用拉链等。

（五）按拉链制造加工工艺分

按拉链链牙加工成型工艺分为冷冲压成型、注塑加工成型、加热挤压成型及加热缠绕成型等。

三、拉链的选用

随着人们的消费观念和审美意识的转变，人们对服装的选择已不单单着眼于简单的实用功能，而是更多地追求流行、时尚。拉链作为重要的服装辅料之一，也发生着变化，即除了实用功能以外更加注重其与服装的搭配和其时尚性的设计，故选用拉链时应综合考虑以下因素：

（一）根据所需承受强力的大小进行选择

如前所述，拉链的规格尺寸是与拉链的强力指标相对应的，一般而言，型号越大，规格尺寸也越大，所能承受的强力也越大。但同时应注意，当所选用拉链的材质不同时，即便规格尺寸相同，所能承受的强力也是不同的。

（二）根据拉链的链牙材质进行选择

拉链的链牙是拉链的主要组成部分，链牙的材质决定着拉链的形状和基本状态。

1. 注塑拉链

该类拉链链牙的优点是粗犷简练、质地坚韧、色泽丰富多彩、抗腐蚀、耐磨损，所适用温度范围广。大的齿面面积利于在其表面做装饰，价格适中。缺点是柔软性不够、拉合的轻滑度较差。

注塑拉链适用于外套服装，如滑雪衫、羽绒服、工作服、童装、部队作训服等面料较厚的服装。

2. 尼龙拉链

尼龙拉链的优点是链牙柔软、表面光滑、色泽多样、拉动轻滑、啮合牢固、品种门类多、轻巧、链牙薄且有可挠性。原材料价格低廉，生产效率高。

尼龙拉链适用于各式服装和包袋，如内衣、面料轻薄的高档服装、女式裙装、裤装等。

3. 金属拉链

金属拉链的优点是结实耐用、拉动轻滑、粗犷潇洒，缺点是链牙表面较硬、手感不柔软、后处理不当易划伤皮肤，材料价格高。

铜质拉链适用于高档夹克衫、皮衣、羽绒服及牛仔服装等。铝质拉链常用于中低档休闲服、牛仔服、夹克衫及童装等。

（三）根据服装的款式进行选择

拉链除了满足基本的要求外，还要根据消费人群情况、在服装中的使用部位来进行选择，如长上衣可采用双开尾拉链、面料较薄的女裙等服装可选用隐形拉链等。

（四）根据服装的颜色和装饰性进行选择

选择拉链时还要考虑到与服装颜色的搭配性，例如：要达到协调一致，可选用与服装颜色一致的拉链；要形成对比效果，可选用与服装颜色差异较大的拉链。

（五）根据服装设计要求进行选择

依据服装本身的大小及所设计部位的长短，选择长度合适的拉链。

第三节　纽扣

据资料记载，纽扣的时兴源远而流长。远古时期，衣服多系带。明清时期多为绊结。后随着手工业的发展，改用布条子打成葡萄结做衣纽。国外流入部分铜扣，民国初期，疙瘩扣、四眼扣、带把扣也相继面世。新中国成立后，以胶木扣、铜皮铆合扣为主。随着改革开放，轻工产品应运而生，有机扣、玻璃扣、树脂扣、电木扣、合金扣、布包扣，以及竹、骨、木制扣、化学材料仿真扣等先后上市。近年来，又出现了宝石纽扣等新型纽扣。

纽扣种类很多，有多种分类方法。常用的分类方法有两种，即以纽扣的结构分和以纽扣所采用的材料分。按照所用材料，可分为合成材料纽扣、天然材料纽扣和组合纽扣。

一、合成材料纽扣

高分子合成材料纽扣是目前世界纽扣市场上种类最多、数量最大、最为流行且颇受消费者欢迎的一类。它是现代化学工业发展的产物，与人们的日常生活有着极为密切的关系。

从世界上最早出现的酚醛树脂、脲醛树脂到后来相继出现的尼龙、聚丙烯、聚苯乙烯、ABS（丙烯腈、苯乙烯、丁二烯的共聚物）及不饱和树脂等，均可用作生产纽扣的材料。

合成材料纽扣有其优点和缺点：优点是色彩鲜艳，光泽亮丽，造型丰富，价廉物美，可批量生产；缺点是耐高温等性能不如天然材料纽扣，容易污染环境。

（一）树脂纽扣

树脂纽扣是不饱和聚酯树脂纽扣的简称。该类纽扣以不饱和树脂为原料，加入颜料制成板材或棒材，经切削及磨光等加工工艺而成。有各种形状，如牛角形、月亮形、别针形等（图 7-13）。

图 7-13　树脂纽扣

树脂纽扣是合成材料纽扣中质量较好的一种，主要有耐磨、耐高温、耐化学性好等性能，具有良好的染色性能，可生产的产品花色多样、色泽鲜艳，具有良好的仿真性能，经过特殊的化学处理后，可以电镀。

树脂纽扣可按加工方式不同及产品特征差别分类，也可按纽扣扣眼孔分布方式分类。按前者可分为板材纽扣、棒材纽扣、压铸珠光纽扣、离心模具纽扣和裙带扣及扣环五大类。按后者则分为明眼扣（又分为两眼、三眼和四眼扣）和暗眼扣（又分为常规暗眼扣和带柄暗眼扣）。

常见产品有磁白纽扣、平面珠光纽扣、玻璃珠光纽扣、云花仿贝纽扣、条纹纽扣、棒材纽扣（定型花）、珠光棒材纽扣、曼哈顿纽扣、裙带扣及扣环、牛角扣、刻字纽扣及数码纽扣等。

树脂纽扣由于价格较高，多用于高档服装。

（二）脲醛树脂纽扣

脲醛树脂纽扣是用脲醛树脂加纤维素冲压形成的，是合成树脂纽扣中最早的品种之一，迄今已有上百年历史，民间俗称"电玉扣"（图 7-14）。

我国在 19 世纪 70 年代之前曾大量使用脲醛树脂纽扣，且大多以黑色、棕色为主，极少见带花纹图案的。目前生产纽扣的生产线采用了花纹制作技术，使其具有花纹与色彩，丰富了该类纽扣的品种。

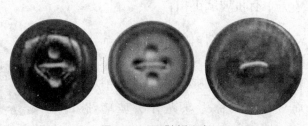

图 7-14　脲醛树脂纽扣

与其他合成树脂纽扣相比，该类纽扣具有耐温性好、不易变形、硬度好、耐磨划性及耐有机溶剂较好等性能，缺点主要是其色彩不及树脂纽扣丰富，仿真性也不及树脂纽扣。故其在使用中体现的更多的是装饰性以外的性能，主要用于中低档服装、休闲服及军服等。

（三）尼龙纽扣

尼龙的学名为聚酰胺。尼龙纽扣是以聚酰胺类热塑性工程塑料为原料，采用较为简单的注塑法生产而成型的。

该类纽扣的机械强度高，韧性好，具有良好的染色性和耐化学性。将珠光粉与尼龙混合注塑，可得到良好的珠光排列效果（图7-15）。尼龙纽扣多与ABS镀金件组合，做成高档次的珠光尼龙-ABS镀金组合纽扣，成为女性时装纽扣的重要品种。

图7-15 尼龙纽扣

（四）ABS注塑及电镀纽扣

ABS是指ABS树脂，全称为丙烯酸酯-丁二烯-苯乙烯共聚塑料。该类纽扣是利用ABS良好的热塑性及优越的电镀性能注塑并电镀而成的。

该产品的特点为色彩艳丽，造型丰富，装饰感强，由于电镀使其具备更高的硬度、强度及更好的耐磨耐烫、抗腐蚀和抗洗涤性能。

ABS电镀纽扣有多种分类方法，其中按镀层材料颜色分为镀金纽扣、镀银纽扣、仿金纽扣、镀黄铜纽扣、镀镍纽扣、镀铬纽扣、红铜色纽扣和仿古色纽扣等（图7-16）。随着人们保健意识的增强和对环保的日益重视，电镀纽扣逐步向镀层更环保、表面光泽更丰富、色彩更多样的方向发展。

图7-16 ABS注塑及电镀纽扣

（五）有机玻璃纽扣

有机玻璃的英译音叫"亚克力"，是用聚甲基丙烯酸甲酯，加入珠光颜料制成棒材或板材，再经切削加工而成的，也称为珠光有机玻璃纽扣（图7-17）。

图7-17 有机玻璃纽扣

该产品的优点主要有易着色，机械加工易成型，造型丰富多样，珠光使其色泽极为艳丽；缺点是耐磨划性差，不耐有机溶剂清洗，耐热性差。

有机玻璃纽扣曾作为高档纽扣，但由于其缺陷而逐渐被树脂纽扣所取代。

（六）塑料纽扣

塑料纽扣是用聚苯乙烯注塑而成的，可以制成各种形状和颜色（图7-18）。其特点是耐腐蚀、价格低廉，但耐热性差，表面易擦伤。塑料纽扣多用于低档女装和童装。

图 7-18　塑料纽扣

（七）酪素纽扣

酪素纽扣是用牛奶中的酪蛋白加工而成的。该类纽扣在西方已有上百年的历史。

图 7-19　胶木纽扣

该类纽扣的突出特点是质感如动物骨，花纹清晰，易染色，材质天然安全，但价格高昂。

（八）胶木纽扣

胶木纽扣是用酚醛树脂加纤维素冲压而成的一类纽扣（图7-19）。其特点是色泽多样，具有较好的强度和耐热性能，不易变形，价格低廉。多用于中、低档服装。

二、天然材料纽扣

天然材料纽扣是最古老的一类纽扣。理论上，可以将所有天然材料都加工成纽扣。天然材料纽扣随着所选材料的不同，各自有不同的特点。

（一）真贝纽扣

真贝纽扣也叫作贝壳纽扣，是世界上最早的纽扣品种之一，至今已有300多年历史。由于其原材料源于大自然，取材方便且源源不断，故迄今为止仍经久不衰（图7-20）。

世界上贝壳种类繁多，但可用于纽扣生产的贝类则十分有限。这主要是因为人们对贝壳纽扣的要求。用于制作贝壳纽扣的贝壳必须具有鲜艳的色泽，有珍珠光泽，质地均匀，且具有一定的韧性。另外还要求其易采集，资源丰富，价格适中。

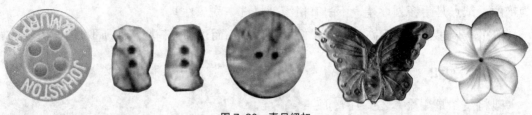

图 7-20 真贝纽扣

目前，国际上比较流行的用于制作贝壳纽扣的贝类主要有尖尾螺、鲍鱼贝、各种珠母贝（黑蝶贝、白蝶贝、马氏贝、企鹅贝、珍珠贝及淡水珍珠贝等）、淡水香蕉贝等，还有各种蝶螺、虎斑贝等。

贝壳纽扣的主要特点是珍珠光泽柔和，有重量感，质地坚硬，传热快，使人体皮肤接触后有凉爽感，耐有机溶剂清洗，属天然绿色产品；不足之处主要是材质较脆，不耐冲击，不耐双氧水，不耐酸，色牢度较树脂纽扣略差，厚度不统一，价格偏高。

贝壳纽扣主要用于各种中高档服装、真丝服装、高档衬衫、T恤衫及面料轻薄的女式休闲服。

（二）木材及毛竹纽扣

木材纽扣及毛竹纽扣均属于用植物类茎秆加工而成的纽扣（图 7-21）。随着人们环保意识的增强，该类纽扣在国际市场上的需求量不断增加。

该类纽扣的特点是天然朴素、粗放，耐有机溶剂；缺点是由于木材天然纹理不一，造成纽扣色泽不一，且吸水后膨胀性强，故应选木质紧密、树龄老、生长期长的木材。木材纽扣经抛光后，可采用高品质清漆处理表面，从而封死所有的吸水空隙，以克服吸水膨胀之缺点。

a. 木质纽扣   b. 竹质纽扣

图 7-21 木质及竹质纽扣

（三）椰子壳和坚果纽扣

椰子壳纽扣和坚果纽扣均属于取材于植物果实的纽扣（图 7-22）。

椰子壳纽扣质地坚硬，较适合于制造纽扣。其特点是颜色为浅褐色或深褐色，正反面具有不同色泽，且表面有斑点或丝状脉络，漂后可染各种颜色，与木材纽扣一样具有吸水性，但较木材纽扣略好。

坚果纽扣非常坚硬，由于切面颜色、纹理类似于象牙，故也称为植物仿象牙扣。经细加工后，可得到良好、柔和的光泽、造型高雅、纹路自然的纽扣，故常用于中档较高层次产品。

图 7-22　椰子壳纽扣

（四）石头纽扣、陶瓷纽扣和宝石纽扣

该类纽扣为一大类天然矿物纽扣，目前数量虽比其他种类纽扣少得多，但仍有一定的市场。

石头纽扣主要以大理石为原料，目前已可批量机械生产。该类纽扣具有各种天然纹理，硬度高，耐磨性好，可用于特殊服装。

陶瓷纽扣是由瓷质材料经烧结、上釉等处理后制成的，可分为普通陶瓷纽扣和特殊陶瓷纽扣两种（图 7-23）。普通陶瓷纽扣是由普通瓷质材料经上述步骤加工，再在表面饰花与金属底托组合而成；主要特点是表面有花纹，色泽鲜艳，亮度好，硬度高，耐磨性好。特殊陶瓷纽扣是采用高强度陶瓷材料，经高压成型，再烧结而成的纽扣，由于其具有较高的机械强度，故又称为不破碎纽扣。陶瓷纽扣由于生产方式及工艺水平所限，生产批量不大，故价格偏高。

图 7-23　陶瓷纽扣

宝石纽扣是指采用宝石和人造水晶制作而成的纽扣（图 7-24）。由于天然宝石的价格昂贵，故用作纽扣生产的是一些低档宝石和人造水晶。该类纽扣品质高贵，

图 7-24　宝石纽扣

图7-25　真皮纽扣

性能优异，造型别致，具有很好的装饰效果。

（五）真皮纽扣（或称皮革纽扣）

真皮纽扣是用皮革的边角料包制或编织而成的纽扣（图7-25）。该类纽扣表面具有天然皮革的纹路与质感，由于吸水而易膨胀，故宜干洗，价格偏高。

（六）中式盘扣

中式盘扣是我国传统服饰中常用的纽扣形式，是用布料缝制成细条，之后盘结成各种形状的花式纽扣（图7-26）。其造型优美，做工精巧，同时兼备实用与装饰功能。

图7-26　中式盘扣

三、组合纽扣

组合纽扣是指由两种或两种以上不同材料，通过一定的方式组合而成的纽扣。

组合纽扣取材丰富，大多数为手工制作，生产批量小，具有鲜明的个性特征，能够满足时装追求个性化的发展潮流。

（一）树脂–ABS电镀或金属内组合

该类纽扣的特点是以树脂纽扣为基础，将ABS嵌入树脂纽扣内，即在树脂底座上挖孔或挖槽，将ABS电镀或金属嵌入槽内，后滴上透明树脂，切削造型，最后成为两组分组合纽扣。

该类纽扣的亮度较好，由于树脂的包裹，ABS电镀或金属不会受空气氧化而变色，能长时间保持鲜亮的颜色和光鲜的色泽。

（二）树脂–ABS电镀或金属外组合

该类纽扣是ABS不被树脂包封，而是与树脂件靠机械连接或适当的黏合胶黏在一起。其中一种是以ABS做底座及外圈，树脂件做表面内饰，整体以ABS为主体，显示镀金纽扣的特点，比较轻巧活泼，主要用于夏秋服装。另一种则以树脂件做底座，表面饰以金属组件、ABS小饰件，相对前者更为稳重，多用于秋冬服装。

（三）ABS电镀或金属–环氧树脂滴胶组合纽扣

该类纽扣底座全由 ABS 组成，颜色大部分为金色、银色等。在 ABS 上通常预设各种沟槽，电镀后，在构成花纹的沟槽上再滴注各色环氧树脂。此后不需处理，则可由环氧树脂得到光亮的表面（图 7-27）。

该类纽扣造型变化丰富，品种多样，色彩鲜艳，故占据了组合纽扣很大的市场份额。

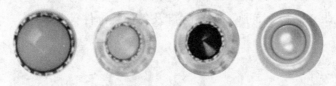

图 7-27　树脂 –ABS 电镀或金属组合纽扣

（四）其他组合纽扣

除上述组合纽扣外，金属件 –ABS 组合、金属 – 水钻组合、树脂 – 人造水钻组合、树脂 – 人造珍珠组合、真贝 – 树脂组合、树脂 – 喷漆组件组合等，均是常见的组合纽扣（图 7-28，图 7-29）。

图 7-28　金属 – 水钻组合纽扣　　　　　图 7-29　树脂 – 人造水钻组合纽扣

该类纽扣无论造型、色泽及组合方式，均有鲜明的个性。通常是根据服装特点做的专门设计，故工艺较复杂。

（五）功能纽扣和免缝纽扣

功能纽扣是比较新潮的纽扣，在具备基本的连接服装的实用功能外，还有一些特殊的无关实用的功能，例如香味纽扣、发光纽扣、药剂纽扣等。目前该类纽扣并不普遍，且特殊功能的显著性与持久性有待进一步探讨。

免缝纽扣是指一类不用线缝，直接由纽扣所带的某些附加装置连接在服装上的纽扣，例如四扣件。还有一种类似图钉的纽扣，该类纽扣大多是组合纽扣，其用途及批量生产受限。

第四节　金属扣件

金属扣件是随着金属冶炼、金属制品及机械制造等产业同步发展的。虽然早期战争中用于服饰的金属盔甲由于笨重、呆板已退出历史舞台，但是金属饰件却成为历代军服中不可或缺的装饰部件，如现代军服上的金属排扣等。

金属扣件是指利用金属材料制成的，运用于服装或与服装相关的物品上，以达到一定的使用功能与装饰功能的系列产品，包括各种金属纽扣、拉链片和拉链头、吊球、铆钉、吊牌、气眼、商标装饰牌、职业标志及各种装饰件等。

一、金属扣件分类

（一）按生产工艺分

按生产工艺，金属扣件可分为压延工艺、压铸工艺和组合工艺。

1. 压延工艺

压延工艺是利用金属材料具有的塑性变形及弹性等性能，利用压力机对片、丝等金属原材料进行冲压、变曲等操作，最后形成产品毛坯的一种工艺。常用材料有铜、铁、铝等金属。

由该工艺加工生产的产品通常叫五金产品，主要包括有四合扣、五爪扣、工字纽、撞钉、气眼、裤钩等产品。

2. 压铸工艺

压铸工艺是指用高压将金属溶液注入金属铸形的型腔中，冷却后形成的各种零件的一种工艺。常用材料一般是低熔点的有色金属，如铅锡合金、锌合金等。

由该工艺加工生产的产品通常叫合金产品，主要包括有纽扣、拉片、拉头、皮带扣、帽徽、胸章、合金面与五金底件结合等产品。

3. 组合工艺

组合工艺是指一种产品同时包含有上述两种工艺，或者以金属材料为主与其他材料组合的工艺。

（二）按使用功能分

金属扣件按其使用功能分为锁扣类、扣扣类、装饰类及紧固类四类。大多数金属扣件同时兼备其中两种及两种以上功能。

1. 锁扣类

锁扣类金属扣件是指在服装中相互连接，且具备重复锁扣、开合功能的扣件。常见的有按扣、四合扣、五爪扣等（图7-30）。

a. 按扣　　　　　　　　　　　b. 四合扣

c. 五爪扣

图 7-30　锁扣类纽扣

四合扣又称大白扣、弹簧扣等。它具有纽面、弹弓杯、纽珠、直笛四个部件，故称为四合扣。

2. 扣扣类

扣扣类金属扣件是指在服装上相互连接的扣件（图 7-31），主要有裤扣、金属挂扣（如葫芦扣、日字扣）、金属纽扣、工字扣、对扣、调节扣、裙扣等。

裤扣是指用于各种裤类上相互连接的搭扣，分为两件裤扣和四件裤扣。

金属挂扣可作为牛仔服、夹克、背带裤等服装的配件。

图 7-31　日字扣

金属纽扣有明眼扣和暗眼扣两类。

工字扣由于其多用于牛仔和休闲装，常称为牛仔扣。

3. 装饰类

装饰类金属扣件是在服装上以装饰功能为主，而以扣扣、锁扣为辅的扣件，主要有金属标牌、徽章、肩章、装饰链等。

单纯的装饰扣如金属牌、各式爪扣、胸花、别针等。

装饰与实用相结合的装饰扣如各种制服的徽章等。

4. 紧固类

紧固类金属扣件是指服装中与服装相铆合或以增加强度为目的的金属扣件，主要有用于衣裤袋角的撞钉（即袋口钉、衣角钉）、高品位的标牌、商标、装饰件（图 7-32）。

撞钉根据其结构不同，可分为凸珠撞钉、反凸珠撞钉、包面撞钉及包钻撞钉等（图 7-33）。

a. 正面　　　　b. 侧面　　　　c. 反面

a. 正面　　　　b. 侧面　　　　c. 反面

图 7-32　衣角钉

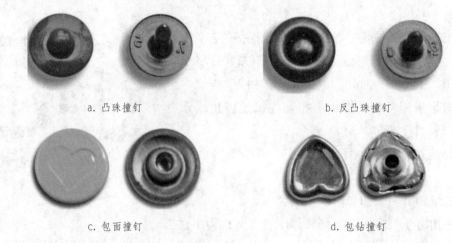

a. 凸珠撞钉　　　　　　　　　b. 反凸珠撞钉

c. 包面撞钉　　　　　　　　　d. 包钻撞钉

图 7-33　撞钉

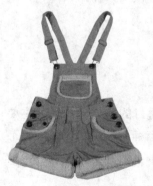

图 7-34　金属扣件的应用

二、金属扣件应用

　　金属扣件无论是起实用功能还是装饰功能，在使用中都应正确运用，以发挥应有的功能与价值。故在使用中应根据各种扣件的不同特点，结合面料特性，确定科学合理的装订方法，如图 7-34 所示。

第五节 带类紧扣材料

一、带类紧扣材料分类

带类材料主要由装饰性带类、实用性带类、产业性带类和护身性带类组成。装饰性带类又可分为松紧带、罗纹带、帽墙带、人造丝饰带、彩带、滚边带和门襟带等；实用性带类由锦纶搭扣带、裤带、背包带、水壶带等组成；产业性带类由消防带、交电带和汽车密封带组成；护身性带主要指束发圈、护肩护腰护膝等。

带类紧扣材料常见的包括绳带（图 7-35）及黏扣带（图 7-36）两类。

图 7-35 绳带

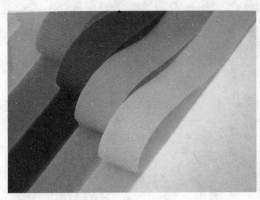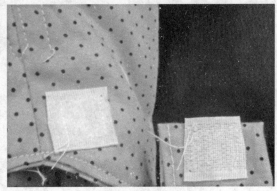

图 7-36 黏扣带

绳带在服装中主要起固紧作用，同时也具有一定的装饰性。装饰性的绳带可做服装、鞋帽的紧扣件和装饰件，例如可根据款式需要应用于风雨衣、夹克衫、防寒服、童装等；实用性的绳带则可作为附件来配合服装的穿着，例如服装中的锦纶搭扣带、裤带、腰带、鞋带等。

黏扣带也称尼龙搭扣，目前通常是用尼龙作为制作材料，多用于开闭迅速且安全的部位，如婴幼儿服装、作战服、消防员服装、活动垫肩及隐蔽口袋等。

二、带类紧扣材料质量要求及应用

带类紧扣材料应根据服装的用途、厚薄、款式及色彩等来确定其材料、色彩和粗细。带类紧扣材料所选用的材料可以是轻柔的丝带，也可以是多色多股的绳索、编织带，还可以采用服装面料缝合而成的带子。它的材料一定要与服装本身搭配、协调。一般高档服装应选用高档的绳带，同时配以相应的配件饰物。

不同的带类可适用于不同的服装，需要根据服装款式及流行趋势进行选配。由于紧扣材料有较强的装饰作用，它已成为加强和突出服装款式特点的一个十分有效的途径。除了加强服装款式造型外，还应与服装及配件的流行相结合，在材质、造型、色彩等方面综合考虑，根据服装种类和用途进行选配。例如女装较男装更注重装饰性，童装应考虑安全性，而秋冬季装因天气寒冷，为加强服装保暖效果，多采用绳带和尼龙搭扣等。

第八章

商标和标识

　　商标是用来区别一个经营者的商品或服务和其他经营者的商品或服务的标记,是辨别商品、保护自身利益的有力工具。根据组成商标的要素不同,可将商标划分为不同类型。服装企业应结合自己产品的特点和企业文化等,设计适合自己的商标,力求简洁、明了、易记。

　　服装上的标识是发挥实用功能的标记,传达产品内部信息,比如洗涤标识、熨烫标识、成分标识、尺码标识等,使顾客更深入了解该产品。按照材质和作用的不同,标识可划分为不同种类,每种标识的质量要求都有所不同。

第一节　商标

　　商标是商品的生产者、经营者在其生产、制造、加工、拣选经销的商品上或者服务的提供者在其提供的服务中采用的，用于区别商品或服务来源的，由文字、图形、字母、数字、三维标志、颜色组合，或上述要素的组合，具有显著特征的标志，是现代经济的产物。在商业领域，商标包括文字、图形、字母、数字、三维标志和颜色组合，以及上述要素的组合，均可作为商标申请注册。经国家核准注册的商标为"注册商标"，受法律保护。商标通过确保商标注册人享有用以标明商品或服务，或者许可他人使用以获取报酬的专用权，而使商标注册人受到保护。

一、商标分类及作用

（一）商标分类

1.按商标结构分类

图8-1　文字商标

图8-2　图形商标

图8-3　字母商标

图8-4　数字商标

　　（1）文字商标：指仅用文字构成的商标，如图8-1所示的国人西服商标。包括中国汉字和少数民族文字、外国文字或以各种不同文字组合的商标。

　　（2）图形商标：是指仅用图形构成的商标，如图8-2所示的李宁牌商标。其中又能分为：

　　① 记号商标：是指用某种简单符号构成图案的商标。

　　② 几何图形商标：是以较抽象的图形构成的商标。

　　③ 自然图形商标：是以人物、动植物、自然风景等自然的物象为对象所构成的图形商标。有的以实物照片，有的则经过加工提炼、概括与夸张等手法进行处理的自然图形所构成的商标。

　　（3）字母商标：指用拼音文字或注音符号的最小书写单位，包括拼音文字、外文字母（如英文字母、拉丁字母）等所构成的商标，如图8-3所示的太平鸟服饰商标。

　　（4）数字商标：用阿拉伯数字、罗马数字或者汉字数字所构成的商标，如图8-4所示的361°商标。

（5）三维标志商标：又称为立体商标，用具有长、宽、高三种度量的三维立体物标志构成的商标标志。它与通常所见的表现在一个平面上的商标图案不同，而是以一个立体物质形态出现，这种形态可能出现在商品的外形上，也可以表现在商品的容器或其他地方。这是2001年新修订的《商标法》所增添的新内容，这将使得中国的商标保护制度更加完善。

（6）颜色组合商标：颜色组合商标是指由两种或两种以上的彩色排列、组合而成的商标。文字、图案加彩色所构成的商标，不属于颜色组合商标，只是一般的组合商标。

（7）组合商标：指由两种或两种以上成分相结合构成的商标，也称复合商标（图8-5）。

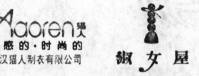

图8-5　组合商标

（8）音响商标：以音符编成的一组音乐或以某种特殊声音作为商品或服务的商标。如美国一家唱片公司使用11个音符编成一组乐曲，把它灌制在所出售的录音带的开头，作为识别其商品的标志。这个公司为了保护其音响的专用权，防止他人使用、仿制而申请注册。音响商标目前只在美国等少数国家得到承认，在中国尚不能注册为商标。

（9）气味商标：以某种特殊气味作为区别不同商品和不同服务项目的商标。目前，这种商标只在个别国家得到承认，在中国尚不能注册为商标。

2. 按商标使用者分类

（1）商品商标：商品商标就是商品的标记，它是商标的最基本表现形式。通常所称的商标主要指商品商标。商品商标又可分为商品生产者的产业商标和商品销售者的商业商标（图8-6）。

（2）服务商标：服务商标是指用来区别于其他同类服务项目的标志，如航空、导游、保险和金融、邮电、饭店、电视台等单位使用的标志（图8-7）。

（3）集体商标：是指以团体、协会或者其他组织名义注册，供该组织成员在商业活动中使用，以表明使用者在该组织中的成员资格的标志。图8-8所示为中国服装协会会标。

图8-6　商品商标

图8-7　服务商标

图8-8　集体商标

3. 按商标用途分类

（1）营业商标：是指生产或经营者把特定的标志或企业名称用在自己制造或经营

图 8-9　营业商标

图 8-10　证明商标

图 8-11　等级商标

的商品上的商标，如图 8-9 所示。这种标志也被称为"厂标""店标""司标"。

（2）证明商标：是指由对某种商品或者服务具有监督能力的组织所控制，而由该组织以外的单位或者个人使用于其商品上或者服务中，用以证明该商品或者服务的原产地、原料、制造方法、质量或者其他特定品质的标志，如图 8-10 所示，如绿色食品标志、真皮标志、纯羊毛标志、电工标志等。

（3）等级商标：等级是指在商品质量、规格、等级不同的一种商品上使用的同一商标或者不同的商标（图 8-11，Intel 公司奔腾、赛扬两种 CPU）。这种商标，有的虽然名称相同，但图形或文字字体不同；有的虽然图形相同，但为了便于区别不同商品质量，而是以不同颜色、不同纸张、不同印刷技术或者其他标志做区别；也有的是用不同商标名称或者图形做区别。这种商标在服装行业应用较少。

（4）组集商标：组集商标是指在同类商品上，由于品种、规格、等级、价格的不同，为了加以区别而使用的几个商标，并把这几个商标作为一个组集一次提出注册申请的商标。组集商标与等级商标有相似之处，如图 8-12 所示的艾格服装的几种商标。

图 8-12　组集商标

（5）亲族商标：亲族商标是以一定的商标为基础，再把它与各种文字或图形结合起来，使用于同一企业的各类商品上的商标，也称"派生商标"，如图 8-13 所示。

图 8-13　亲族商标

（6）备用商标：备用商标也称贮藏商标，是指同时或分别在相同商品或类似商品上注册几个商标，注册后不一定马上使用，而是先贮存起来，需要时再使用。

（7）防御商标：驰名商标所有者为了防止他人在不同类别的商品上使用其商标，而在非类似商品上将其商标分别注册。该种商标称为防御商标，如日本电器制造商索尼（SONY）电器公司，在自行车、食品等许多与电器并不类似的商品上注册了"索尼"

（SONY）商标，以防止他人使用，有损“索尼”声誉。

（8）联合商标：联合商标是指同一商标所有人在相同或类似商品上注册的几个相同或者近似的商标，有的是文字近似，有的是图形近似。这些商标称为联合商标。这种相互近似商标注册后，不一定都使用，其目的是为了防止他人仿冒或注册，从而更有效地保护自己的商标，如杭州娃哈哈儿童营养食品公司申请注册了联合商标哈哈娃、哈娃娃、娃娃哈等。

4. 按商标享誉程度分类

（1）普通商标：在正常情况下使用，未受到特别法律保护的绝大多数商标，如图 8-14 所示。

VOOSEA 望莎

图 8-14　普通商标

（2）驰名商标：在较大地域范围（如全国、国际）的市场上享有较高声誉，为相关公众所普遍熟知，有良好质量信誉，并享有特别法律保护的商标，如图 8-15 所示。

美尔雅 MAILYARD

图 8-15　驰名商标

（二）服装商标分类

1. 按使用原料分类

（1）印制商标：在经过涂层的纺织品上印制而成的商标（图 8-16）。常用材料包括棉及棉混纺涂层布、涤纶涂层布、锦纶涂层布等。

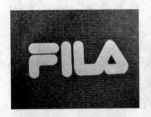

图 8-16　印刷商标

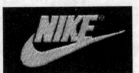

图 8-17　提花商标

（2）提花商标：按商标图案设计要求，用提花织机织制而成的商标（图 8-17），常缝在衣服上，作为用装的主要商标。

（3）革制商标：用人造革或真皮把商标压烫在上面而成的商标（图 8-18），主要用在牛仔服、皮衣及外套上。

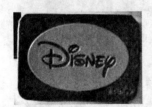

图 8-18　革制商标

图 8-19　金属商标

（4）金属商标：把商标图案冲压在薄金属片上而成的商标（图 8-19），主要用在牛仔服上。

（5）纸质或塑料商标：指印在硬纸或薄塑料片上的商标，一般吊在服装上，所以也叫吊牌。吊牌上一般印有商标和标识。

2. 按用途分类

（1）内衣用商标：这类商标要求轻薄柔软，一般采用轻薄的材料，不伤皮肤，穿着舒服。

（2）外衣用商标：与内衣用商标相比较，这类商标要求厚实、挺括、有立体感，

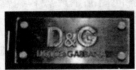

可采用纸质、编织、皮革、金属等材质。

（三）商标的作用

商标在不同性质的社会中所起的作用有所不同，但是排除社会的政治、经济因素对商标的影响外，商标一般都具有以下几方面的作用：

1. 区别同类商品的不同生产者和经营者

在现代商品市场上，同一商品有成千上万的生产厂家。因此，消费者如果熟悉了商品的商标，也就知道是哪家企业生产的商品。这如同一个人的脸象征一个人。商标作为商品的脸，成为某一企业特定商品的象征，与商品荣辱与共，代表商品的信誉，同时直接关系到对商品生产者和经营者的评价。企业也因为有自己独特的商标而显示出自己的与众不同，进而使整个市场呈现出内在的活力。这是商标最本质、最基本的作用。

2. 区别不同生产者生产的商品质量

消费者根据这些商品的商标信誉选择，而商标信誉同商品质量是紧密联系在一起的。从这个意义上说，商标是代表商品一定质量的标志。企业使用商标，就等于在商品质量保证书上签了字。商品出了问题，消费者可以依其商标找到生产厂家，从而加强了消费者对企业的监督，有利于增强企业责任心，保证和提高商品质量，努力争创名牌。

3. 便利于消费者认牌购货

由于商品品种繁多，商品的质量、等级、规格、花色、特点等各不相同，如果商品没有商标供人们认识区分，那将出现十分混乱的局面，消费者将在五花八门的各色商品面前不知所措、无所适从。企业用商标把它们区分开来，使消费者根据商标可以识别商品、认牌购货，节约了消费者的购物时间，增强了消费者的购物信心，引导了消费者的购物取向。同时商标也成为消费者同商品生产者和经营者之间联系的纽带。

4. 有利于商品广告宣传

商标作为一种标志体现了商品的质量和信誉，自然也成了商品广告的非常有效的手段。利用商标宣传商品，言简意赅、醒目突出、便于记忆，能够增强广告效果，给消费者留下深刻印象，以吸引诱发其"从速购买"的欲望，从而达到创名牌、扩大销路的效果。

5. 有利于美化商品

一个设计美观的商标，等于给商品穿上了一件漂亮的外衣，可以增加商品的美感，提高商品的身价，扩大商品的销路。

6. 有利于开展国际贸易

中国的对外贸易有了很大发展，商标的作用也越来越显著。在国际贸易中，商标是极为重要的，国际间的贸易离不开商标，尤其是对西方国家的贸易。在出口商品上使用商标，并及时在外国进行商标注册以得到对商标的法律保护，这对维护商品在当地的合法权益、扩大出口有着重要作用。同时，商标还标志着出口商品的技术水平，表明商品的质量，代表国家的生产水平和信誉，能起到促进外贸的作用。树立商标信誉，在国际上争创驰名商标，对加强中国出口商品在国际市场上的竞争能力，促进中国对外贸易的发展，很有益处。

7. 有利于开展正当竞争

商标是商品信誉好坏的标志。信誉好的商标，竞争力强，其结果必然生意兴隆；信誉不好的商标，竞争力弱，其结果必然是生意萧条。商标信誉在市场竞争中至关重要，一个有信誉的商标，对于提高商品竞争力、打开商品销路都起着十分重要的作用。商品在市场上接受社会检验和监督，参与竞争，这种市场竞争是商品品种、质量、价格等多种因素的竞争。而这些信息是通过商标这一桥梁传递给消费者的，所以，企业在市场上的公正竞争，必须借助商标的参与。商标的广泛使用，把企业推向市场，而企业则成功地运用商标取得明显的经济效益，同时激励企业提高商品质量，增加品种，创立和保持驰名商标，以商标这种简明有力的形式展开公平竞争，开拓市场，引导消费。

二、商标质量标准

对于服装用商标，目前还没有统一的国家标准，各企业对商标有不同的要求。综合各生产企业的要求，对服装用商标质量要求概括如下：

（一）印制商标质量要求

（1）涂层性质：涂层应不溶于水、不含有害物质、不污染、不脱落、易于印刷。

（2）织物度密：织物密度应与原样密度相同。

（3）字迹图案：字迹图案应清晰、干净，线条连续无间断现象。

（4）表面、烧边、切折：表面平整无折皱现象，烧边平齐不刮手；折线位置准确、整齐、不张口。

（二）提花商标质量要求

（1）缝纫线：商标四周的缝纫线距布边 10 mm。

（2）字迹图案：字迹图案应清晰，无线条间断，与原样一致。

（3）色牢度：色牢度不低于 3 级。

（4）原料：提花商标要求不脱丝、不掉线、易染色。

（三）皮革商标质量要求

图案清晰有立体感，与原样一致。材料不卷丝，裁切刀口垂直不凹陷。

（四）纸质、塑料商标（吊牌）质量要求

（1）材料及颜色：不论是纸质还是塑料的，都要根据客户要求选用材料和材料的颜色。

（2）印刷油墨量：油墨量适中、均匀，不掉色。

（3）规矩和结构：规矩线准确，各色彩准确，图案位置适中合理，与原图一致。

（4）条形码：用条形码机扫描有响声，条形码打印质量好，线条不断不黏。

（5）裁切和穿线：裁切整齐垂直，刀口不刮手。穿线孔距边 5~7 mm，孔距合适，线长比吊牌略长。

（6）模切：模切刀口整齐，不粘连，折线整齐，点线深浅适度，折线整齐，轻撕可扯断。

（7）纸质吊牌覆膜：一般纸质吊牌表面覆塑料膜，覆膜光亮无气泡，粘连紧密，手撕覆膜将颜色黏掉为优。

第二节　标识

一、标识分类及作用

服装标识是品牌、企业无形资产的一种表达方式，是指服装的商标、规格标、洗涤标、吊牌等具有品牌信息载体作用的服装辅助材料。服装标识的使用材料很多，有胶纸、塑料、棉布、绸缎、皮革和金属等。标识制法更是千变万化，如织造、印花、刺绣、印刷等。

（一）服装标识分类

1. 按作用来分类

（1）品质标识：又称组成或成分。用于表示服装面料所用的纤维原料种类和比例。

（2）使用标识：是指导消费者根据服装原料，采用正确的洗涤、熨烫、干燥、保管方法的标识。

（3）规格标识：用于表示服装的规格，一般用型号表示。根据服装的不同，规格标识表示的内容也不同，如衬衫用领围表示、裤子用裤长和腰围表示、大衣用身长表示等。

（4）原产地标识：标明服装产地，一般标在标识的底部。

（5）合格证标识：企业对上市服装检验合格后，由检验人员加盖合格章，表明服装经检验合格的标识，通常印在吊牌上。

（6）条形码标识：利用条码数字表示商品的产地、名称、价格、款式、颜色、生产日期及其他信息，并能用读码扫描设备将其内容读出来。我国采用 EAN 码，服装条形码大多印制在吊牌或不干胶标志上。

（7）其他标识：包括环保标识、特殊标识、纯羊毛标识等。

2. 按使用的原料分类

可分为编织标识、纸标识和纺织品印刷标识等，与商标分类类似，这里不重复介绍。

（二）常用服装标识种类及作用

1. 吊牌

也称牌仔、纸牌，主要用于品牌特点描述。吊牌多为纸类印刷制品，也有丝网印刷的塑料制品等。吊牌的制作材料大多为纸质，也有塑料、金属、纤维织品等材料。另外，近年还出现了用全息防伪材料制成的新型吊牌。

从造型上看，有长条形、对折形、圆形、三角形、插袋式以及其他特殊造型。服装吊牌的设计、印制往往都很精美，而且内涵也很广泛，如图 8-20 所示。为了美观及加强品牌宣传等目的，吊牌绳上还装饰有吊粒，其形状多种多样，如圆形、方形、菱形等。其上可印制品牌标识等，如图 8-21 所示。根据 GB/T 5296.4-2012《消费品使用说明 第 4 部分：纺织品和服装》要求吊牌应有十项内容：厂名厂址、产品名称、规格型号、纤维成分及含量、洗涤方法、贮藏和使用条件注意事项（可以不标）、限期使用日期（可以不标）、采用执行标准、产品等级、检验合格证明（自检）。

图 8-20 服装吊牌

图 8-21 吊粒

2. 洗涤熨烫标

用来指导用户正确对衣服进行洗涤和保养，也叫洗水唛，一般缝在后领中、后腰中主唛下面或旁边，或者缝在侧缝的位置。主要标注衣服的面料成分和正确的洗涤方法，比如干洗、机洗、手洗，是否可以漂白，晾干方法，熨烫温度要求等，如图 8-22 所示。洗涤熨烫标识大致有五个方面：槽形图案的水洗标识，圆圈图案的干洗标识，三角

图 8-22 洗涤熨烫标识

形或锥形瓶图案的漂白标识，衣服图案的晾干标识，熨斗图案的熨烫标识。

（1）水洗标识：槽形图案出现的数字表示适用水温的最高标准。如果槽形里面标有一只手，表示这件衣服只能用手轻轻揉搓，不能用洗衣机洗；若槽形里面出现一个叉，则表示衣服不能用洗衣机洗。易缩水的棉、麻织物，以及带有金属饰物的衣服，最好用手洗，见表8-1。

表8-1 水洗标识

	只能手工洗涤
	波纹以上的数字表示洗衣机的速度："1"表示轻柔洗，"2"表示标准洗或双向洗；波纹以下的数字表示水温不超过40℃
	洗涤时候不可以用沸水
	洗涤时候不可以用洗衣板
	表示不可用水洗涤

（2）干洗标识：圆圈图案、圆圈图像字母的变化，是对干洗材料的具体要求。纯毛、丝制与镂空带花的丝绸服装，用水洗会出现收缩变形的现象，一般都带有干洗标识。如在圆圈上画一个叉，则表示不宜干洗，见表8-2。

表8-2 干洗标识

Ⓐ	可以干洗，A表示所有类型的干洗剂均可以使用
Ⓕ	只能用于石油类干洗剂干洗
Ⓟ	可以用于各种干洗剂干洗
⊖	可以用于汽油干洗，不可以用汽油则打红色X标记
Ⓟ	表示干洗需加倍小心，横线表示对洗涤后的衣物处理要格外小心
⊗	表示不可以干洗
⊠	表示不可以使用干洗机，不可以转筒干燥
◯	表示可以放入滚筒或干洗机内处理
弱40℃中性	可以使用洗衣机洗涤但必须使用弱档洗，水温不可以超过40度，"中性"表示洗涤剂的性质应不中性

（3）漂白标识：三角形或锥形瓶图案标有漂白标识图案的衣物可以进行漂白处理。因漂白剂杀伤力较强，容易分解纺织物中的纤维，仅适宜白色棉织品服装的漂白处理。如在漂白标识中标有一个叉，则表明衣物不能进行漂白处理，见表 8-3。

表 8-3　漂白标识

⃤	可以使用含氯洗涤剂或用含氯漂白剂漂白，要加倍小心
⃤	不能使用含氯洗涤剂，也不能用含氯漂白剂漂白
氯剂	漂白时要使用含氯漂白剂

（4）晾干标识：衣服图案有晾干标识的衣物可以在阳光下晾晒。如在标识上有一道斜纹，表示衣服脱水后应在背阴的地方晾干；如有一个"平"字，要将衣服平放晾干；如有一个叉，则不能吊挂晾干。像纯毛、麻织物材质松软、结构复杂，宜平摊晾干，而化纤材质的衣物可以吊挂晾干，见表 8-4。

表 8-4　晾干标识

	脱水后吊挂晾干
平	脱水后平放晾干
	不可以吊挂晾干
	可用手拧去多余水分，或短时间低速脱水
	不可扭拧或脱水，只能用手轻挤出多余水分后平放晾干

（5）熨烫标识：熨斗图案下有波纹，表示熨烫衣物时需要有垫布；其下面如果有竖条，则表示需要用蒸汽熨斗熨烫。而熨斗的温度提示是通过标识上的小点来显示的，一个点表示熨斗的温度不能超过 110℃，两个点表示熨斗的最高温度不能超过 150℃，三个点则表示最高温度是 200℃。天然纤维纺织物的耐温性能好，而熨烫化纤织物时应用低温和垫布进行操作，见表 8-5。

表 8-5 熨烫标识

（熨斗图标）	可熨烫,最高温度不超过210℃
（熨斗120℃图标）	可熨烫,最高温度不超过120℃
（熨斗垫布图标）	须垫布熨烫
（熨斗蒸汽图标）	须蒸汽熨烫
（熨斗打叉图标）	不可熨烫
（熨斗点图标）	一个点为110℃熨烫,两个点为150℃熨烫,三个点为200℃熨烫,也有把点换成"低、中、高"表示,含义相同

3. 规格标

每一个国家和地区对服装的规格都有相应的标准,如我国的服装号型定义是根据正常人体的规律和使用需要,选出最有代表性的部位,经合理归并设置的。"号"指高度,以厘米表示人体的身高,是设计服装长度的依据;"型"指围度,以厘米表示人体胸围或腰围,是设计服装围度的依据。人体体型也属于"型"的范围,以胸腰落差为依据,把人体划分成:Y、A、B、C 四种体型。按照"服装号型系列"标准规定,在服装上必须标明号型。号与型之间用斜线分开,后接体型分类代号。例如:175/88A,其中 175 表示身高为 175 cm;88 表示净体胸围为 88cm;体型分类代号"A"表示胸腰落差在 16~12cm 之间。

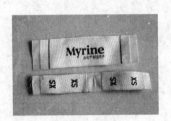

图 8-23 规格标

规格标识通常在领口商标下,并且常与洗涤标、吊牌甚至商标结合在一起,多处增加规格标识便于消费者查对服装规格,如图 8-23 和图 8-24 所示。

4. 品牌标识

是表明事物特征的记号。它以单纯、显著、易识别的物象、图形或文字符号为直观语言,除表示什么、代替什么之外,还具有表达意义、情感和指令行动等作用。标识在服装很多地方都会明显地表露出来,除了在商标、吊牌、拉链、纽扣、洗涤标等辅料中使用外,还广泛用于服装刺绣、印花等。

5. 条形码

成为现代物流的标志。超级市场和大型商场都要求商品

图 8-24 服装吊牌内容

标注条形码，因此不要忘记打上条形码。关于条形码的使用和商品分类，一定要科学合理，不能随便编码，如图 8-24 所示。

6. 特种认证标识

这是一些被特别认证的标识，例如反映产品质量保证的 ISO 9001 和 ISO 9002、ISO 14000 环境管理体系、全棉标识、纯羊毛标识、欧洲绿色标签 Oeko-Tex Standard l00、欧洲生态标签 Eco-1abel、美国杜邦公司的特许标志如 cool-max。这些标识，有利于反映产品的质量特点，体现企业形象，赢得客户的信赖和认知，如图 8-25 所示的纯羊毛标识、生态纺织标识、ISO 14024 标识。

图 8-25　纯羊毛标识、生态纺织标识、ISO 14024 标识

7. 其他标识

用于服装的标志性辅料还有很多，常见的有胶唛、吊粒、不干胶贴、防伪标志、胸标、徽章、各种织带，以及包装袋、包装盒等各种包装材料等。

二、标识质量标准

服装标识质量标准可参照国标 GB 5296.4-2012《消费品使用说明》，现对该标准简单介绍如下：

（一）使用说明内容

1. 制造者的名称和地址

应标明服装制造者依法登记注册的名称和地址，进口服装应用中文标明该产品的原产地（国家或地区），以及代理商或进口商或销售商在中国依法登记注册的名称和地址。

2. 产品名称

产品名称应表明产品的真实属性，并符合下列要求：

（1）国家标准、行业标准对产品名称有规定的，应采用国家标准、行业标准规定的名称。

（2）国家标准、行业标准对产品名称没有规定的，应使用不会引起消费者误解和混淆的常用名称或者俗名。

（3）如标注"奇特名称""商标名称"时，应在同一部位明显标注（1）和（2）规定的一个名称。

3. 产品号型和规格

服装产品应按 GB/T 1335.1-2008《服装号型男子》、GB/T 1335.2-2008《服装号型女子》和 GB/T 1335.3-2008《服装号型儿童》的要求标明服装号型。

4. 采用原料的成分和含量

应标明产品采用原料的成分名称及其含量。纺织纤维含量的标注应符合 FZ/T 01053-2007《纺织品　纤维含量的标识》的规定。皮革服装应标明皮革的种类名称，种类名称应表明产品的真实属性。有标准规定的应符合有关国家、行业或企业标准。

5. 洗涤方法

洗涤方法包括水洗、氯漂、熨烫、水洗后干燥和干洗等。

（1）应按 GB/T 8685-2008《纺织品　维护标签规范　符号法》规定的图形符号表述洗涤方法，可同时加注与图形符号相对应的简单说明性文字。

（2）当图形符号满足不了需要时，可用简练文字予以说明，但不得与图形符号含义的注解并列。

（3）干洗符号中可分别添加字母 A、P、F 以说明干洗剂的类型。

6. 使用和贮藏条件的注意事项

使用不当，容易造成产品本身损坏的产品，应标明使用注意事项。有贮藏要求的产品应简要标明贮藏方法。

7. 产品使用期限

需限期使用的产品，应标明生产日期和有效使用期（按年、月、日顺序标注日期）。

8. 产品标准编号

应标明所执行的产品国家标准、行业标准或企业标准的编号。

9. 产品质量等级

产品标准中明确规定质量（品质）等级的产品，应按有关产品标准的规定标明产品质量等级。

10. 产品质量检验合格证明

国内生产的合格产品、每单件产品（销售单元）应有产品出厂质量检验合格证明。

（二）使用说明的形式

（1）根据产品的特点采用以下形式：

① 直接印刷或织造在产品上的使用说明。

② 缝合、粘贴或悬挂在产品上的标签。

③ 直接印刷在产品包装上的使用说明。

④ 粘贴在产品包装上的标签。

⑤ 随同产品提供的资料。

（2）产品的号型或规格、采用原料的成分和含量、洗涤方法等内容应采用耐久性标签。其中采用原料的成分和含量、洗涤方法宜组合标注在一张标签上。如采用耐久性标签对产品的使用有影响时，例如布匹、绒线和缝纫线、袜子等产品，则可不采用耐久性标签。

（3）如果产品被包装、陈列或卷折，消费者不易发现产品本身所使用的说明标注的信息，则应采取其他形式的使用说明标注该信息。

（4）当几种形式的使用说明同时出现时，应保证其内容的一致性。

（三）使用说明的安放位置

（1）使用说明应附在产品上或包装上的明显部位或适当部位。

（2）使用说明应按单件产品或销售单元为单位提供。

（3）耐久性标签的位置。

① 应将耐久性标签永久性地附在产品上，且位置要适宜。

② 服装产品的标签位置。

a. 服装产品的号型标志或规格等标签可缝在后衣领居中。其中大衣、西服等也可缝在门襟里袋上沿或下沿，裤子、裙子可缝在腰头里子下沿。

b. 衣衫类产品的原料成分和含量、洗涤方法等标签可缝在左摆缝中下部，裙、裤类产品可缝在腰头里子下沿或左边裙侧缝、裤侧缝上部。

③ 围巾、披肩类产品的标签可缝在边角处。

④ 领带的标签可缝在背面宽头接缝或窄头接缝处。

⑤ 家用纺织品（桌布、床单、浴巾、床罩、毯子等）上的标签可缝在边角处。

（四）基本要求

（1）使用说明上的文字应清晰、醒目，图形、符号应直观、规范，文字、图形符号的颜色与背景色或底色应为对比色。

（2）使用说明所用文字应为国家规定的规范汉字。可同时使用相应的汉语拼音、外文或少数民族文字，但汉语拼音和外文的字体大小应不大于相应的汉字。

（3）使用说明应由适当材料和方式制作，在产品使用寿命期内保持清晰易读。

（4）缝制在产品上的标签，若缝边多于一边，所用材料应具有与基础物相近的缩率。

（五）GB/T 5296.4-2012中服装成分含量标注示例

（1）由一种类型纤维加工制成的纺织品和服装：

产品纤维含量标明为"100%"或"纯"时，应符合相应产品标准（国家标准、行业标准）的规定。如：

| 100% 棉 | 或 | 纯棉 |

（2）由两种及两种以上的纤维加工制成的纺织品和服装：

① 一般情况下，可按照含量比例递减的顺序，列出每种纤维的通用名称，并在每种纤维名称前列出该种纤维占产品总体含量的百分率。如：

85% 锦纶		55% 羊毛
15% 黏纤		35% 涤纶
		10% 黏纤

② 如果有一种或一种以上纤维的含量不足5%，则按下列方法之一标明其纤维含量：

a. 列出该纤维名称和含量；

b. 集中标明为"其他纤维"字样和这些纤维含量的总量；

c. 若这些纤维含量的总量不超过50%，则可不提及。如：

92% 醋纤		55% 羊毛		90% 羊毛
4% 氨纶		35% 涤纶		10% 其他纤维
4% 黏纤		10% 黏纤		

（3）由底组织和绒毛组成的纺织品和服装：

应分别标明产品中每种纤维的含量，或分别标明绒毛和基布中每种纤维的含量。如：

60% 棉		绒毛 90% 棉
30% 涤纶		10% 锦纶
10% 锦纶		基布 100% 涤纶

（4）有里料的纺织品和服装：

含有里料的产品应标明里料的纤维含量。如：

| 面料 纯毛 |
| 里料 100% 涤纶 |

（5）含有填充物的纺织品和服装：

含有填充物的产品，应标明填充物的种类和含量。羽绒填充物应标明含绒量和充绒量。如：

		面料	65%	棉
			35%	涤纶
		里料	100%	涤纶
套	65% 涤纶	填充物	100%	灰鸭绒
	35% 棉	含绒量	80%	
填充物	100% 木棉	充绒量	200g	

（6）由两种或两种以上不同质地的面料构成的单件纺织品和服装：

应分别标明每部分面料的纤维名称及含量。如：

| 身 100% 丙纶 |
| 袖 100% 锦纶 |

第九章

装饰性辅料

从服装辅料的发展趋势看,辅料对于服装的装饰效果今后将继续被强调和表达,而且环保功能、保健功能、阻燃功能、水晶材料的闪光功能,以及如何合理利用人体工程学等,是服装辅料未来发展的潮流和趋势。通过合理的服装辅料的搭配和选择,来体现装饰性材料的装饰性能,以及服装的流行趋势和设计理念。

装饰性辅料主要包括花边、流苏、水钻、绣片等。评判服装辅料的档次,主要依据装饰产品质量的好坏,以及装饰产品的流行趋势和设计师的设计理念。

第一节　装饰性辅料概述

装饰性辅料是指运用在服装、家纺等产品上的装饰性辅料，基本上无实用功能。常见的装饰性辅料有花边、带类、流苏、缀片、珠子、水钻、绣片等，可以单独使用，亦可镶嵌在拉链、纽扣上使用。其作用主要是点缀、装饰服装及家纺产品，从而增加服装和家纺产品的时尚性与美观性。

装饰性辅料在服装中的应用有古老的花边和流苏，也有近代的水钻、珠花。过去的装饰性辅料只是用于传统的、高档的服装，现在已经很普及，尤其在女装和童装中。

装饰性辅料的品种发展很快，其中应用在服装上的已有 300 多种。其材料有纤维、椰壳、坚果壳、贝壳、水钻、珠片、珍珠、塑料、真宝石废料、金属片等。

装饰性辅料在服装上的固定方法有缝、烫、缝烫结合、织、绣、铆等。按使用方法大体可分为缝编、烫贴、镶嵌等；按用途可分为花边、流苏、缀片、珠子、带类、绣片、水钻等。

由于设计师的青睐，装饰性辅料成为目前我国发展很快的一类辅料，越来越多的材质不同、造型丰富的装饰性辅料为更多的人所喜爱。装饰性辅料除了少量为进口以外，大多数是国内生产的，其产地主要分布在沿海一带和少数民族聚居的地区。

第二节　装饰性辅料分类

一、花边产品

花边是指作为嵌条或镶边装饰用的带状材料。我国的花边源于山东，主要品种有钩针花边、棒槌花边、青州府花边、雕平绣、梭子花边、墨镶边、扣锁、扣眼、网扣、手拿花边及百代丽等。

花边产品有几种分类方法。按照原料可将花边分为人造丝花边、涤纶花边、锦纶花边和腈纶花边等。其中人造丝花边通常是以平纹织地、缎纹起花的纯棉花边，具有花型丰富、光泽柔和等特点；涤纶花边则是经热轧成裥，再经缝制拷边而成的花边；锦纶花边则具有轻薄透明和色彩丰富的特点；腈纶花边的特点则主要体现为带身柔软上。按照生产工艺，花边产品可分为编织花边、针织（经编）花边、刺绣花边和机织花边四大类。

（一）编织花边

编织花边又称为线边花边（图 9-1）。编织花边用 5.8～13.9 tex（100～42 英支）棉纱为经纱，以一定规格的棉纱、人造丝或金银丝为纬纱，用钩编机交织成 1~6 cm 宽的各种色彩的花边。

编织花边是花边品种中档次较高的一类花边，可用于礼服、时装、毛衫、衬衫、内衣、睡衣、童装等服装。

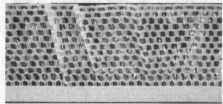

图 9-1　编织花边

（二）针织花边

针织花边因用经编机制作，故亦称经编花边（图 9-2）。其原料多为各种规格的锦纶丝、涤纶丝或黏胶长丝。但锦纶和涤纶丝花边较硬，不宜用于与皮肤接触的部位，特别对儿童产品尤其应注意。

针织花边组织稀松，有明显的孔眼，故而呈现出轻盈、透明的特点，有很好的装饰性，多用于装饰物。

针织花边常分为有牙口边和无牙口边两种。其中，无牙口边的花边常用于服装不同部位；起装饰作用；有牙口边的花边则常用于装饰用品。

图 9-2　针织花边

（三）刺绣花边

刺绣花边可分为机绣和手绣两种。

机绣是通过电脑刺绣机将花纹图案绣在底布上。目前应用较多的是用黏胶长丝绣花线绣在水溶性非织造底布上，然后将底布溶化，留下绣花花边，这种花边亦称水溶花边（图 9-3），常用于高档家用纺织品。

高档刺绣花边是用手工绣于带织物上，

图 9-3　水溶性花边

然后将刺绣花边装饰于产品上。其工艺相对复杂，故用量不是很多。

（四）机织花边

机织花边是用提花机织制而成的一类花边，使用原料有棉纱线、真丝、黏胶长丝、锦纶丝、涤纶丝及金银丝等（图9-4）。机织花边质地紧密，立体感强，色彩丰富。

图9-4 机织花边

二、带类产品

带类产品包括松紧带、贴边带、镶边带及饰带等。

（一）松紧带

图9-5 松紧带

松紧带常见的有三类：滚绳松紧带、弹性松紧带和松紧罗纹（图9-5）。滚绳松紧带是一类纵长绳状的普通松紧带，常穿入抽带管中；弹性松紧带是织有弹性材料的扁平状带织物，其质地紧密，表面平挺，手感柔软，弹性适宜，常用于运动服装、民用服装、鞋帽及工艺品的配套装饰；松紧罗纹常用于休闲夹克装的袖口和腰带处。

（二）贴边带

贴边带（图9-6）主要对服装不同部位起到挺括、牢固和支撑的作用，常隐藏在

图9-6 贴边带

服装里面，如图9-7所示。纯棉和斜纹的贴边带可加固缝迹，使之失去弹性。常见的贴边带有吊背带、纯棉贴边带、塑料衬带、尼龙带及门襟带等。

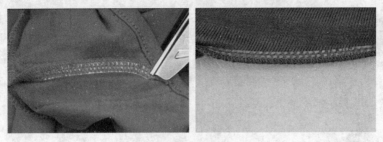

图9-7　装在服装中的贴边带

（三）镶边带及饰带

镶边是指修整原始布边和加固风险，同时也具有装饰作用。饰带（图9-8）大多是华丽考究的，常在织物上缉明线或系成立体花结，还可用于女式工艺外套。镶边和饰带常见的有缎纹斜裁镶边带、宽斜裁贴边带、金属丝边饰带、缎纹饰带、机织提花饰带、机织金银饰带及丝绒带等。

图9-8　饰带

三、流苏产品

流苏是一种下垂的以五彩羽毛或丝线等制成的穗子，常用于舞台服装的裙边下摆等处（图9-9）。唐代妇女流行的头饰金步摇，是其中一种。还有冕旒，即帝王头上的流苏，以珍珠串成，按等级划分，数量有所不同。

图9-9　流苏

四、缀片和珠子

图 9-10 缀片与珠子

缀片和珠子是服装装饰的缀饰材料（图 9-10）。由于其具有极强的装饰性，常用于女装、婚礼服、晚礼服、舞台装及时装。

缀片大多是圆形、水滴形的光亮薄片，片上有孔，一般采用各色塑料或金属制成。

珠子有人造珠子和天然珠子之分，形状多为圆形或近似圆形。使用时通常用丝线将其串起来，镶嵌于服装上。

五、水钻

水钻是一种俗称，又名水晶钻石，莱茵石（图 9-11），其主要成分是水晶玻璃，是将人造水晶玻璃切割成钻石刻面而得到的一种饰品辅件。这种材质因为较经济，同时视觉效果上又有钻石般的夺目感觉，因此很受人们的欢

图 9-11 水钻

迎。水钻一般用于中档的饰品设计。水钻按颜色分可分为白钻、色钻（如粉色、红色、蓝色等）、彩钻（也称 AB 钻）、彩 AB 钻（如红 AB，蓝 AB 等）。根据产地不同，水钻有不同的叫法，如：产于莱茵河北岸的叫奥地利施华洛世奇钻，简称奥钻；产于莱茵河南岸的叫捷克钻，光泽比奥钻稍差。另外还有中东钻、国产水钻、亚克力钻等。

（1）奥地利施华洛世奇水钻：其切割面可多达三十多面，所以能折射更多光线，有深邃感，因其硬度强，所以光泽保持持久，是水钻中的佼佼者。施华洛世奇水钻产生于 1895 年的奥地利，以其独特的水晶碎石镶工而闻名于世。19 世纪末，丹尼尔·施华洛世奇发明了自动水晶切割机。从此，水晶的形貌千变万化，让潜藏的诗般魅力淋漓发挥。施华洛世奇不仅是人造水晶制品的代名词，也是一种文化的象征。它具有一种无法替代的价值，那就是——情趣。目前施华洛世奇在全世界有很多分厂，所以施

华洛世奇只是代表了一种品质，并非一定产自奥地利。

（2）捷克水钻：其钻切割面一般为十几面，折射效果较好，可折射出很耀眼的光芒，其硬度较强，光泽保持 3 年左右，仅次于奥钻。

（3）中东水钻及国产水钻等：此类水钻是一些厂家为迎合市场，以低成本制造的水钻，品质低于捷克水钻。

一般水钻按照质量价格的排列顺序为：奥钻、捷克钻、韩钻、国产 A 钻、国产 B 钻。不过韩钻也分等级，真正进口的韩钻的光泽比所谓的"捷克钻"亮，因为它经过侧面的抛光处理，看起来很亮，透光度也很好。

水钻根据底部的形状可以分为尖底钻和平底钻两大类；按照台面形状可分为普通钻、异形钻。异形钻的外形又可以分为菱形钻（马眼石）、梯形钻、卫星石、水滴形钻、椭圆形钻、八角形钻等。

六、绣片

绣片是用于衣服上的装饰品。现在制作的绣片则可以用于家庭装饰或者作为摆设物，也可做收藏品（图 9-12）。

图 9-12　绣片

第三节　装饰性辅料选用

装饰性辅料是较为新型的辅料，品种繁杂、变化无穷，并未形成严格统一的质量标准要求，通常根据材料品牌和供需双方协商来确定最终质量要求。

装饰性辅料与其他辅料最大的不同是该类辅料大多以装饰功能为主，因此对装饰性辅料提出的最多的是色彩、造型等方面的要求；只有当其用于童装时，才适当需要考虑其材质。

装饰性辅料的选用应该注意以下几点：

（1）与服装本身的设计及款式的搭配。这要求所选的装饰性辅料在色泽上应该与服装面料协调一致，要么色调一致，要么形成鲜明的对比，从而体现不同的装饰风格。同时，还要与服装的款式配伍，女性柔美造型的服装多搭配花边等能够体现其服装特点的装饰性辅料。

（2）与服装面料的厚薄轻重的搭配。服装面料轻薄的可搭配针织花边、刺绣花边、水钻及零星的水钻，而面料较厚的则适合搭配编织花边、刺绣花边、珠子、绣片及成片面积的水钻构造图案。

（3）考虑服装的不同用途。女装更适合选用花边、饰带、流苏、缀片、珠子、水钻及绣片，日常男装则较少使用，童装也可使用一些卡通绣片等。运动装常选用带类产品，晚礼服、婚纱及舞台装常选用流苏、缀片、珠子、水钻及绣片等作为装饰。

（4）考虑保养因素。当装饰性辅料用于日常服装时，尽可能选用耐水洗、耐揉搓类型的材料以及适当的缝制方式；而当装饰性辅料用于婚纱、晚礼服及舞台装时，由于其使用场合的特殊性，则应淋漓尽致地展现各自的造型及外观上的优势，无需过多关注其耐用性。

参考文献

［1］孔繁薏，姬生力.中国服装辅料大全［M］.2 版.北京：中国纺织出版社，2008.

［2］吴微微.服装材料学·基础篇［M］.北京：中国纺织出版社，2009.

［3］周璐瑛.现代服装材料学［M］.北京：中国纺织出版社，2000.

［4］朱松文.服装材料学［M］.北京：中国纺织出版社，2010.

［5］刘锋.服装工艺［M］.北京：中国纺织出版社，2012.